供中小学校健康教育培训使用

儿童青少年

生命安全与健康管理

主　编　杜玉开　杨莉华

副主编　向德平　舒　祥

编　委（以姓氏笔画为序）

邓士琳　向德平　刘　莉

杜玉开　杨莉华　杨雪锋

沈　敏　宋然然　龚　洁

崔　丹　舒　祥

秘　书　沈　敏

人民卫生出版社

·北　京·

图书在版编目（CIP）数据

儿童青少年生命安全与健康管理 / 杜玉开，杨莉华主编．—北京：人民卫生出版社，2021.7

ISBN 978-7-117-31807-5

Ⅰ．①儿…　Ⅱ．①杜…②杨…　Ⅲ．①安全教育 – 青少年读物②健康教育 – 青少年读物　Ⅳ．①X956-49 ②G479-49

中国版本图书馆 CIP 数据核字（2021）第 139330 号

儿童青少年生命安全与健康管理

Ertong Qingshaonian Shengming Anquan yu Jiankang Guanli

主　　编：杜玉开　杨莉华
出版发行：人民卫生出版社（中继线 010-59780011）
地　　址：北京市朝阳区潘家园南里 19 号
邮　　编：100021
E - mail：pmph @ pmph.com
购书热线：010-59787592　010-59787584　010-65264830
印　　刷：三河市潮河印业有限公司
经　　销：新华书店
开　　本：710 × 1000　1/16　**印张：**12
字　　数：222 千字
版　　次：2021 年 7 月第 1 版
印　　次：2021 年 9 月第 1 次印刷
标准书号：ISBN 978-7-117-31807-5
定　　价：75.00 元

前言

儿童青少年是国家的希望,民族的未来,对于儿童青少年来说,生命安全与健康管理远比知识文化的教育更为重要。然而,目前中国在儿童青少年生命安全与健康管理这一方面仍处于十分薄弱状态。生命安全与健康管理以日常生活为基础,帮助儿童青少年树立和强化安全意识、尊重和珍爱生命、掌握必要的安全知识和基本适宜技能,从而培养儿童青少年的自救自护能力。为了实施落实《国务院办公厅关于加强中小学幼儿园安全风险防控体系建设的意见》,加强儿童青少年生命安全和健康管理工作,认真做好安排和部署,明确要求各级教育行政部门健全学校安全教育机制及其责任和义务,提高儿童青少年安全意识和健康管理能力;将生命安全与健康管理作为儿童青少年素质教育的重要内容,对提高儿童青少年安全教育的实用性与实效性具有十分重要的作用和意义。

在学校教育过程中,学校在尊重和保护儿童青少年生命安全的基础上,应当培养学生积极乐观的心态,提高其防范疫情及安全事故的能力,加强学生的自我保护意识。同时,家庭应当在日常生活中关爱儿童青少年的生理和心理成长,予以足够的关心爱护,与学校和社区协调配合,巩固生命安全和健康管理的成果,由此凸显开展儿童青少年生命安全教育的重要性和必要性。

随着现代医学模式的转变,健康的基本理论、方法和技能在学校健康管理实践中的重要性越来越明确,关注和需要儿童青少年生命安全和健康管理服务的人越来越多。目前儿童青少年生命安全和健康管理已作为儿童青少年健康教育的必修课或限定开展的课程。因此,儿童青少年生命安全和健康管理教材建设显得十分重要及迫切。为了适应学校、家庭和广大儿童青少年健康教育的需要,结合国内儿童青少年生命安全和健康管理的进展和教育改革的要求,将生命安全和健康管理的基本理论、基本知识和基本技能系统地传授给广大的儿童青少年,使他们能够系统、全面地了解生命安全和健康管理的新知识、新技能、新进展,特组织编写《儿童青少年生命安全与健康管理》这本适用于中小学校的健康教育知识读物。

本书共十一章,根据《国务院办公厅关于加强中小学幼儿园安全风险防控体系建设的意见》,结合读者人群的特殊性,从疾病预防、视力保护、伤害控制、营养干预、心理调整、社会支持及预防接种等方面,系统介绍儿童青少年生命安全与健康管理的基本知识、理论和方法。综合考虑理论与实践需要,以中小学校教师、家长和社区卫生工作者及相关人员的工作、学习需求为出发点进行编撰，力求理论性、科学性和方法技能有机融合，具有针对性、实用性和实践指导性特色。本书在编写过程中得到很多相关人员的支持和辛勤劳动，在此一并表示衷心的感谢。本书编写中，参考了大量相关教材、专著及文献，在此对其作者致以诚挚的谢意。由于编写的时间紧、任务重，加之学习能力和理解水平有限，故难免存在一些问题和不足，敬请读者和使用者多提宝贵意见、批评指正，我们将不胜感激。

《儿童青少年生命安全与健康管理》的编写得到武汉市青少年视力低下防制（预防控制）中心的资助、组织、关心和支持，在此致以诚挚的感谢！

杜玉开　杨莉华

2021年1月

目　录

第一章 儿童青少年生命安全和健康管理

2017 年 4 月 25 日，国务院办公厅印发《关于加强中小学幼儿园安全风险防控体系建设的意见》(以下简称意见)。为了落实《意见》，加强儿童青少年生命安全工作，认真做好安排和部署，明确要求各级教育行政部门健全学校安全教育机制及其责任和义务，提高儿童青少年安全意识和健康管理能力；将生命安全及健康教育作为儿童青少年素质教育的重要内容，提高儿童青少年安全教育及健康管理的实用性与实效性。

第一节 儿童青少年生命安全和健康管理概述

一、生命安全教育和健康管理的相关概念

1. 生命安全教育　指国家、社会、学校和家庭等层面，在保护和珍惜儿童青少年生命的基础上，通过宣传教育、引导激励等方式，帮助儿童青少年正确认识生命、珍惜生命、敬畏生命，培养儿童青少年积极的生活态度和健康的心理状态，掌握健康管理的基本技能，能够识别不利健康的各种危害因素和风险。生命安全教育主要为：①加强自我生命安全教育，使儿童青少年深刻认知生命的宝贵，对生命有足够的珍爱和重视；②在加强生命安全教育的基础上，重视儿童青少年的生命安全教育，培养应对危险紧急状况时的化险能力和个人素养。

2. 生命健康教育　指在生命安全教育的基础上通过有计划、组织、系统的健康教育活动，使儿童青少年自觉地进行有益于健康的生活方式和行为，消除或减少影响健康的危险因素，预防疾病，促进健康，提高儿童青少年健康素养，并对教育效果进行评价。健康教育的核心是教育儿童青少年增强健康意识、改变不健康的生活方式和行为，养成良好的卫生行为和习惯，促进儿童青少年健康成长全面发展。

3. 健康促进　指促使人们维护和改善他们自身健康的过程。世界卫生组织(WHO)1986 年 11 月 21 日在加拿大渥太华召开了第一届国际健康促进大

会，大会确定的《渥太华宪章》首次提出了健康促进。2000年第五届全球健康促进大会上，WHO前总干事格罗·哈莱姆·布伦特兰进一步解释了健康促进的定义：健康促进就是要使人们尽一切可能让他们的精神和身体保持在最优状态，宗旨是帮助人们知道如何保持健康，在健康的生活方式下生活，并有能力作出适宜于自己健康的选择。《美国健康促进杂志》对健康促进的最新表述为，健康促进是帮助人们改变其生活方式以实现最佳健康状况的科学和艺术。最佳健康被界定为身体、情绪、社会适应性、精神和智力健康的水平。

4. 健康管理

（1）健康的定义：1948年，WHO定义健康不仅是没有疾病或者身体虚弱，而是身体、心理与社会上的完好状态。其具体为三个层次：①身体健康，指躯体的结构完好、功能正常，躯体与环境之间保持相对的平衡；②心理健康，又称精神健康，指人的心理处于完好的状态，包括正确认识自我、正确认识环境、及时适应环境；③社会状态良好，指个人在社会关系上处理较好，个体能够有效地扮演与其身份相适应的角色，个人的行为与社会规范基本一致，和谐融洽。1977年，WHO将健康概念确定为“不仅是没有疾病和虚弱，而且是身体、心理和社会适应上的完好状态”。此次进一步强调了健康的社会适应性和适应能力，以便更好地促进人的身心健康。1986年WHO在《渥太华宣言》将健康定义为：健康是每天生活的资源，并非生活的目的。良好的健康是社会、经济和个人发展的主要资源，是生活质量的一个重要方向。

（2）健康管理：指运用管理学理论和原理，应用计划、组织、协调和控制等基本职能分配及使用有限的卫生资源，有效地维护人类健康及预防干预疾病的基本过程。健康管理是重点研究健康管理的理论、行为方式、风险识别、评价标准、干预策略、服务模式的一门综合性学科。影响健康行为的相关因素包括：①倾向因素（predisposing factor），通常先于行为，指产生某种行为的动机、愿望，或是诱发某种行为的因素，包括知识、态度、信念和价值观；②促成因素（enabling factor），指促使某种行为动机或愿望得以实现的条件，即实现某行为所必需的技术和资源，包括保健设施、医务人员、诊所、医疗费用、交通工具、个人保健技能，行政的重视与支持、法律政策等也可归结为促成因素；③强化因素（reinforcing factor），指激励行为维持、发展或减弱的因素，存在于行为发生之后，是对行为积极或消极的反馈，主要来自社会支持、同伴的影响和领导、亲属以及保健人员的劝告，也包括个人对行为后果的感受。健康行为改变理论作为健康管理的基本理论，主要通过计划与决策、协调指导、干预控制相关不良行为，实现在尽量减少医疗干预的前提下达到预防疾病、促进健康的目的。

二、生命安全教育和健康促进的特点

首先要让儿童青少年了解和认识生命的现象，培养其珍惜生命、热爱生命的情感，这样才能很好地保护其身体和生命，达到生命教育的目的。

1. 生命安全教育的特点

（1）以学校教育为主体、家庭教育为基础、社会教育为辅助的生命安全教育综合模式：开展儿童青少年生命安全教育时，教育途径和形式非常重要。儿童青少年生命安全教育既重要又易被社会和人们忽视，单靠某个人或某个机构或某个领域的力量肯定是不够的，需要多部门、多领域和全社会的共同参与和努力，联合家庭、学校、社区和社会教育，形成集以家庭教育为基础、学校教育为主体、社会教育为辅助为一体的儿童青少年生命安全健康教育的综合模式、教育途径和教育形式。学校是生命安全教育的主体和渠道，儿童青少年绝大多数时间都在校园中活动，在其中发生安全威胁的可能性更大，但这并不意味着儿童青少年生命安全责任及义务完全归于学校和老师。家长的督促、社会支持和关爱在生命安全教育的过程中同样承担着积极重要的作用，因此每个部门和机构都应当承担起自己应有的职责和奉献，这样才能更全面、更系统、更高效地实现预期的生命安全健康教育的目的。

（2）生命安全教育的针对性：儿童青少年是一个特殊的群体，生命安全教育又是一个特殊的领域。因此，生命安全教育中的形式、方法和内容的选择和确定非常重要。需要针对教育对象的具体情况，注意因人因材施教，即所教育的知识内容、施教方法等应当适合于群体年龄特征，才能使儿童青少年认知到生命的珍贵和重要，尊重生命的健康，爱护生命的责任，形成积极向上的生命安全观，从而在生活实践中激发生命的活力、焕发生命激情、提高生命的质量、呈现生命的价值，促进学习与健康并重全面发展成长。

（3）推陈出新，因地制宜：随着社会文化和科学技术的进步和发展，儿童青少年生命安全面临时代新问题，危害儿童青少年健康的条件和因素不断变化，因此生命安全教育要符合预防干预儿童青少年健康管理的需要，对出现的新情况、发生的新问题要及时地处理和解决，不能仅局限于过时的生命安全教育内容和理念，要及时补充和完善健康管理知识。帮助儿童青少年自觉及时掌握影响健康的危险因素，正确选择合适的方法和适宜技能，对新出现的不良状况能及时应对和处理，促进提高儿童青少年面对不同的危险情况的能力，能够利用所学的基本知识和适宜技能进行正确的自救和互救能力。

2. 健康促进的特点

（1）健康促进是健康与环境的整合：儿童青少年生命安全与健康促进受很多因素影响，其中环境因素在生命安全和健康促进的过程中起着非常重要的作用。环境因素对儿童青少年健康的影响是多方面的，身体方面包括饮水、营养、疾病（视力）、作息规律和体育运动及预防接种；自然环境方面包括人类生活中的生态环境、生物环境和地下资源环境如气候、水文、地貌、土壤等；社会环境方面包括政策、经济、法律、卫生、组织等。这些环境对儿童青少年生命安全和健康促进的作用，一是提供支持性良好的自然生态和谐，二是提供支持性良好的社会支持、人文氛围。健康促进可以调节儿童青少年健康与环境因素间的平衡，有利于开展健康管理，树立整体的生理、心理和社会适应能力的健康观念，促进儿童青少年全面健康成长。

（2）健康促进科学性强涉及面广：健康促进是以健康为中心的综合性健康活动，旨在全面改善和增进儿童青少年健康，强调个人和学校、家庭等多方面参与。在开展健康活动中注重科学设计、科学规划、科学指导和科学管理。针对儿童青少年的特点及具体情况和需求，把健康促进的基本知识、基本方法和适宜技能融入儿童青少年日常生活和各种活动之中，以实现健康促进的最终目的。

（3）健康促进中“三级预防”策略：三级预防是开展实施健康促进的重要形式、重要途径、重要内容和重要策略。健康促进需要场所、渠道和制度作为实施保障，三级预防通过完善的三级保健网推行实施疾病预防工作。儿童青少年健康促进通过三级预防形式和途径开展各项健康促进活动，帮助儿童青少年建立有益于健康的生活方式及行为，自觉地养成良好的卫生习惯，避免疾病和伤害的发生。

（4）健康促进工作是全部门和全社会共同的职责和义务：儿童青少年健康促进工作是一项涉及面广、跨部门多、健康教育内容针对性强、影响面大的系统性活动。因此 WHO 要求，健康促进需要突出社会大卫生组织观念，健康的必要条件和前景不可能仅有卫生部门承诺，需要协调所有相关部门的行动等。遵照 WHO 精神，儿童青少年健康促进工作更需要政府、卫生和其他社会经济部门、非政府与志愿者组织、社会各界人士作为个人、家庭和社区参与。只有加强各部门之间的协作联合，才能使健康促进达到事半功倍的效果，共同履行儿童青少年生命安全和健康促进的职责和义务。

三、开展儿童青少年生命安全与健康管理的目的

开展儿童青少年生命安全与健康管理目的是了解儿童青少年生命安全与健康管理活动的特点及其规律，弄清儿童青少年生命安全与健康管理间的关系，掌握适宜的科学管理方法，并把儿童青少年生命安全教育与健康管理有机地运用到维护儿童青少年生命安全实践中去，合理地应用人、财、物和信息，提高儿童青少年生命安全与健康管理效益和效率，更好地促进和保

障儿童青少年的身心健康。其具体目的为:①有计划合理地培训和培养儿童青少年生命安全与健康管理综合性人才,既懂保健、懂基本诊疗,保健和诊疗相结合,又懂管理知识的综合性人才;②正确认识儿童青少年生命安全教育与健康管理的作用和地位,全面系统掌握和应用管理科学的理论、方法和技术,正确指导儿童青少年生命安全教育活动,以便提高儿童青少年生命安全与健康管理功效和创新能力;③促进儿童青少年生命安全教育的改革。儿童青少年生命安全教育与健康管理已日益受到社会和政府的关注和重视,针对儿童青少年生命安全与健康管理现况仍处于薄弱状态的问题,需要学习和掌握现代管理科学知识及方法,不断地完善儿童青少年生命安全与健康管理机制。

四、儿童青少年生命安全与健康管理的实践与发展

1. 儿童青少年生命安全教育是健康管理的重要内容　生命安全的保障必须遵循预防为主的核心策略。重视预防,加强预防干预能力,离不开有效的健康管理。针对儿童青少年学习生活特点制定系统完善的管理计划、作息准则和行为规范,通过生命安全教育,使儿童青少年掌握维护生命安全的适宜技能,达到长期保障生命安全的目的。因此,儿童青少年生命安全教育是健康管理的重要内容,而健康管理又是儿童青少年生命安全健康的基本保障。

2. 儿童青少年常见健康问题预防干预与管理　长期开展儿童青少年生命安全教育的经验表明,从日常不良的行为到影响健康至疾病要经历一个发生、发展过程,即从低危险状态到高危险状态直至发生危害健康产生疾病。在这个发展的历程中,往往表现为急性传染性疾病的发展过程可以很短,慢性病可以很长,其变化也无明显的界线。据此,采用适宜的技术和方法,针对儿童青少年生命安全进行健康教育,加强对健康危险因素的干预,如采取患病前控制,进行有针对性的预防干预,就有可能有效地阻断、延缓甚至避免生命安全影响因素的发生和发展进程,从而实现儿童青少年生命安全有效健康管理的目的。

3. 健康管理中儿童青少年生命安全预警及决策　通过风险评估方法,对目前日益影响儿童青少年生命安全与健康的各种风险因素进行预警、评估与管理,预防干预儿童青少年生命安全中各种风险因素的危害和流行,实现对不安全行为的预警。这一切就是健康管理的核心内容,都可能通过科学有效的健康管理来实现。

第二节　儿童青少年生命安全与健康管理的基本原则和指导策略

儿童青少年是国家的希望，民族的未来，生命安全及健康教育远比知识文化的教育更为重要。生命安全与健康教育以日常生活为基础，帮助儿童青少年树立和强化安全意识，尊重和珍爱生命，掌握必要的安全知识和基本适宜技能，从而培养儿童青少年的自救自护能力。在校园生活活动中，学校在尊重和保护儿童青少年生命安全的基础上，应当以正能量培养学生积极乐观的心态，提高其防范和处理安全事故的能力，加强学生的自我保护意识。因此，在儿童青少年生命安全与健康管理中应遵循一定的基本原则。

一、生命安全教育的基本原则

1. 教育性和管理性原则　进行儿童青少年生命安全教育时必须体现以教育为主导的原则，因为教育是一种有目的培养人的活动，规定着儿童青少年的发展过程和方向。在儿童青少年生命安全教育中，要注重传授相应的生命安全知识，促使儿童青少年通过教育了解生命安全知识、懂得和掌握生命和安全的基本技能。为了达到这一目的，必须为儿童青少年创造良好的氛围和环境条件，尤其要求必须制定完善的生命安全教育制度和严格的管理措施来进行保障。

2. 全员性和全程性原则　生命安全教育需要贯穿生命的各个阶段，也就是全生命周期。因此需要坚持全程性的原则，对儿童青少年分阶段和分层次进行生命安全教育。根据儿童青少年生命不同阶段和个体的差异，有针对性和重点性地采取恰当合理的方式和方法，使生命安全教育有条不紊地进行。生命安全教育不应仅仅局限于某一部分区域或者某几所学校的儿童青少年，也不应被划分为某个部门的专职工作机构，而应当是全社会、全体儿童青少年积极参与，多部门联合，使儿童青少年参与到教育中，既是教育的受益者，也是教育的推动者和维护者，有效促进儿童青少年生命安全教育全程性可持续性健康发展。

3. 预防性和持续性原则　生命安全教育要坚持“预防为主”的原则，这是中国维护健康尤其是维护儿童青少年健康的法宝。在儿童青少年日常的学习和生活中，积极预防和发现可能的不安全隐患，有针对性地对广大儿童青少年进行生命安全教育，预防不良事件或重大公共卫生事件的发生，随时做到未雨绸缪，而不是等到不安全事故发生之后才进行反思和教育。

开展儿童青少年生命安全教育是个系统长期的过程,需要有持久战的思想准备,不能仅仅在不安全事故发生后的一段时间里才重视和警示安全教育。必须认真对待,将生命安全教育落到实处,持之以恒不能松懈。只有通过反复地加强教育,才能真正提高儿童青少年对生命安全教育的重视程度,使其掌握有关的基本知识、方法和技能。

4. 系统性和规范性原则　儿童青少年生命安全教育是一个长期系统工程,在开展生命安全教育的教学中,应充分考虑所面对的儿童青少年需接受的生命安全教育的知识,针对不同年龄段完成相应教育内容。既要精心安排正规系统的教学,又要针对不同时期儿童青少年个体的倾向性问题,安排一些与生命安全教育相关的活动,促使生命安全教育有条不紊地顺利运行。要保障儿童青少年生命安全教育,必须建立完善系统的规范原则。儿童青少年生命安全教育的规范化,要遵循国家的基本规定,把规范建立在学校制度建设的基础上,创建完整健全的规章制度。社会层面还应加强各级专业教育机构的队伍建设,使儿童青少年生命安全教育工作走上规范之路,提高安全教育的水平和效果。

5. 多样化和现代化原则　儿童青少年生命安全教育应采取理论和实践相结合的方式,通过系统知识讲授和各种教学模拟及创新活动加深儿童青少年的理解及学习的积极性。充分利用现代科技方法和途径,如广播、电视、网络、互联网 + 媒体等,推出丰富多样、别致新颖的教育形式和内容,吸引儿童青少年积极主动参加生命安全教育活动。

二、儿童青少年身心健康指导策略

1. 促进体格生长发育　儿童青少年的生长发育对其未来健康发展起着十分重要的作用,关注儿童青少年的健康生长发育问题,通过具体措施予以解决和处理,对提升儿童青少年健康水平、身体素质及改善民族未来的健康素养具有非常重要意义。因此必须关注儿童青少年的健康,加强体质监测,制定具体措施,促进其身心健康全面发展,为正处于生长发育时期的儿童青少年提供合理均衡的营养、充足的睡眠时间以及适宜的体育锻炼,以保障其正常的生长发育需求,促进儿童青少年体格健康生长。

2. 促进心理发展　儿童青少年在生命的成长过程中,心理发展与人格生长是同等重要的两个方面。在心理行为发展过程中,需要给儿童青少年提供温馨和谐的人文关怀环境和良好的氛围。社会、家庭和学校要关心关爱儿童青少年心理成长,注重培养其良好健康的人格心理状态。在儿童青少年健康教育中,要采取正确的培养和引导方式,使儿童青少年逐步发展成为一个能够独立自主、积极乐观健康的儿童青少年群体。青春期的到来,带给儿童青少年最大的变化是身体整体快速成长，第二性征的出现改变了儿童期所具有的稳定和平衡。儿童青少年的心理发展除了认知发展还有人格发展，即心理社会发展。在某种意义上，只有具备健全人格才具有积极健康的人生态度，一个人是否具备健全的人格十分重要。因为一个人在面临困难与抉择时，积极地面对和解决问题，才更有可能促使发挥自己的潜能。人没有健康的人格，当在生活和学习中遇到困难时，往往会采取消极和逃避的态度，不敢去面对和解决问题，因此往往容易形成各种困扰和心理问题。因为人格是在学习和生活中逐渐形成的，而儿童青少年是人格形成的重要阶段，因此遵循儿童青少年人格发展特点开展生命安全教育与健康管理是学校整体工作的一项重要内容。

3. 培养健康的生活方式和应对能力　有意识地培养儿童青少年的生活能力和生活方式，使其养成良好的生活卫生习惯，提高生命安全自我保护能力和规避风险的意识，减少不良安全事件的发生，从而促进儿童青少年生长发育和茁壮地成长。对儿童青少年过度保护和不良的家庭教育方式，只注重成绩却轻视社会适应能力，都会影响儿童青少年对身心健康的正确认知。因此，社会、学校和家庭应关注儿童青少年的生命安全教育和管理，重视健康成长，营造个性化发展的社会氛围，提倡体力活动、积极户外运动、减少看屏幕时间的生活方式，重视家庭生命安全教育、社会支持等良好的生命安全教育和管理的环境和条件。

第三节　儿童青少年生命安全与健康管理

一、儿童青少年生命安全与健康管理的重要性

生命安全教育应定为中国儿童青少年终身教育，日常有意识的健康教育培养和应急技能演练等，应成为儿童青年少年的必修课。在面对威胁儿童青少年健康和生命安全的不利条件时，由于生存经验和社会经历不足，与成年人相比，儿童青少年更易受到伤害。因此，对于儿童青少年特殊群体，更应当加强其生命安全教育和健康管理，在其生理和心理成长的重要阶段，使其坚定树立起正确的人生观，掌握生命生存发展的基本技能和规避伤害的健康管理措施。儿童青少年生命安全教育与健康管理非常重要，各级卫生行政机构和教育部门要把保障儿童青少年生命安全放在学校卫生工作突出位置，认真做好风险预防、风险判别和风险应对等程序，进一步健全完善教育机制和防控体系。儿童青少年的生命安全教育和健康管理需要引起社会各方面的重视，各

级地方政府应结合国情和实际情况要求有关部门予以指导、支持，切实履行相关职责，建立健全生命安全教育体制和规划方案，进一步整合各方面力量，深入改革创新，强化政府责任，促进社会协同、公众参与、法治保障，建立科学严谨、系统规范、职责明确的学校生命安全保障制度、管控与处置制度，切实维护师生健康安全，保障校园平安有序，促进社会和谐稳定，为儿童青少年健康成长、全面开展健康管理提供保障。

二、儿童青少年生命安全与健康管理

1. 开展儿童青少年生命安全教育　主要目的在于使儿童青少年了解生命本体生存的一些基本常识，掌握一些适宜于儿童青少年年龄特征、维护生存发展必需的基本技能和方法，体会生命的珍贵、尊重生命，认识生命的责任，形成积极向上的生命，在生活实践中激发生命的潜能，提升生命的价值，提高生命的质量。迎接时代面临的挑战，提升对儿童青少年的生命安全教育，通过亲身体验，使其掌握多种应急处理方法，提高其生存能力。一次正规的生命安全教育课程不仅能帮助儿童青少年在突发事件来临时（如儿童青少年溺水、交通事故、食物中毒、建筑物倒塌等突发不安全事件）自救和救助他人，更重要的是能培养其良好的心理素质，使其冷静利用正确的方法解决问题，预防不安全事故的发生。生命只有一次，灾祸却有无数。面对突发不安全事件的生命威胁，作为生活在社会中的儿童青少年需要努力增强安全防范意识，提高防范自救能力。通过生命安全教育和健康管理，提高儿童青少年自我保护能力，可以避免 80% 的意外伤害发生。

2. 开展儿童青少年生命安全健康管理　目的在于维护健康、促进健康，帮助儿童青少年建立健康的生活方式。宗旨是调动儿童青少年及学校、家庭和社会的积极性及支持，计划、组织、协调和控制有限医疗资源，有效地利用现有的资源来达到儿童青少年最大的健康效果。健康管理通过多种途径和手段，针对儿童青少年健康危险因素，从生理、心理、环境等多维度进行全面系统的管理，以达到维护和促进健康水平的目的。健康管理强调“预防为主”的策略，对儿童青少年进行行为干预，改变其行为模式，不断提升儿童青少年管理健康的意识和水平；并对其生活方式相关的健康危险因素进行评估监测，提供个性化干预，有效降低疾病风险，降低医疗费用，从而提高个体生活质量，促进儿童青少年的健康水平。

三、儿童青少年健康管理的基本理论和方法

（一）儿童青少年健康管理基本理论基础

1. 预防医学干预理论　预防医学指一个国家或地区人群健康的公共事

业。具体内容包括对重大疾病尤其是传染病的预防、监控和医治；对食品、药品、公共环境卫生的监督管制，以及相关的卫生宣传、健康教育、免疫接种等。还研究人群健康和疾病发生、发展和转归的本质与规律，探讨内外环境以及社会影响因素，优化和改善人类生存环境，增进人类健康。健康与疾病的动态平衡关系和疾病的发生发展过程及预防医学的干预理论是健康管理的科学基础，是健康管理过程中指导实施与实践的基本理论。

2. DOHaD 理论　指健康与疾病的发育起源（developmental origins of health and disease）。近些年大量流行病学研究提出关于人类疾病起源的新的医学理论。该理论认为：除了遗传和环境因素，如果生命在发育过程的早期（胎儿和婴幼儿时期）经历了不利因素如营养或环境不良等，将会增加其成年后罹患各种慢性病（肥胖、糖尿病、心血管疾病等）的概率，这种影响会持续很长时间甚至好几代人。这一理论已成为开展儿童青少年全生命周期保健和生命安全教育的重要理论基础。

3. 健康行为改变理论　健康行为对儿童青少年身心健康的维护和促进、生活质量的提高具有非常重要的作用及意义，可以有效地解释和预测健康行为的发生和改变因素。人类的健康相关行为是一种复杂的活动倾向，受遗传、心理、自然和社会环境等多种因素的影响。随着全球性和区域性健康促进战略的全面制定，健康行为以及健康行为改变理论越来越受到心理学、公共卫生学、预防医学和儿童青少年生命安全和健康管理学的重视。

4. 系统与决策理论　从方法论角度看，健康管理的科学化需要系统分析方法的运用。应用系统分析方法研究健康管理问题，揭示健康与疾病、局部与整体、内环境与外部环境之间的内在联系，从而掌握各种疾病尤其是慢性疾病的本质及其基本规律。应用系统理论认识儿童青少年的生命过程，既是一个连续性过程，又分为不同的发展阶段，每一个阶段都是在前一阶段的基础上进行的，并且不可避免地受到前面各个阶段的影响。因此，对儿童青少年健康的关注应遵循系统论的基本原则，始终注重机体的整体与系统的关联性与平衡，如发现有失调现象，随时作出干预决策。决策理论和方法具有非常重要的作用。

（二）儿童青少年健康管理基本方法

1. 系统分析方法　应用系统分析方法研究儿童青少年生命安全和健康问题，揭示眼前与未来、局部与整体、整体与环境之间的内在联系，从而掌握儿童青少年生命安全和健康的本质及变化规律。

2. 定量研究与定性研究方法

（1）定量研究方法：指运用数学、统计学、流行病学等科学手段对管理行为、经济规律进行量化的描述，以探讨管理要素的变化规律及其内在的相互关系。近年来,在儿童青少年生命安全和健康管理与其他领域的一个共同趋势是定量方法的科学化和数学化,使健康管理方法与手段获得迅速发展。

（2）定性研究方法:指通过发掘问题、理解事件现象、分析人类的行为与观点以及回答提问来获取敏锐的洞察力。儿童青少年生命安全和健康管理通过观测、实验和分析等方法来考察对象是否具有某种特征,以及其间的关系等。

（3）流行病学方法:流行病学方法在儿童青少年生命安全和健康管理的研究中具有重要的作用。各种流行病学方法的综合使用,有助于准确地制定儿童青少年生命安全和健康的评价指标体系,可以有效地评价儿童青少年生命安全和健康管理活动中的合理性、有效性和科学性,以更有效地保障儿童青少年生命安和身心健康。

（4）卫生经济学方法:任何管理活动都期望取得一定的社会效益和经济效益,儿童青少年生命安全和健康管理活动也是如此。人们总期望以最少的投入来最大限度地满足儿童青少年生命安全和健康需求,要实现这一目的,必须利用卫生经济的方法来评价儿童青少年生命安全和健康管理的成本效益和效果。

（5）社会学方法:儿童青少年生命安全和健康管理属性为社会公益性。因此,可以利用社会学的常用方法评价儿童青少年生命安全和健康管理活动的社会适宜程度。在此应该把握以下原则:

1）坚持理论与实践的结合:实践是检验真理的标准,是认识的源泉和发展的动力。因此,一切从实际出发,从国情出发,从实践中开展儿童青少年生命安全和健康管理的运行机制与发展规律研究,认真分析出现的新情况、新问题,准确地抓住问题的实质以指导儿童青少年生命安全和健康管理工作。

2）移植与创新相结合:儿童青少年生命安全和健康管理以管理学的基本理论为基础,移植了卫生事业管理、卫生经济的基本思想体系,借鉴行为科学等社会科学的思路、方法和手段,不断地完善和发展,有效促进了儿童青少年生命安全和健康。

综上所述,儿童青少年生命安全教育与健康管理的基本理论,一方面基于公共卫生与预防医学、健康行为改变理论等,另一方面基于卫生管理的基本理论、方法和适宜技能。尽管人们已经关注到影响儿童青少年健康的因素为生物和非生物因素,尤其心理行为及生活方式是影响生命安全和健康的主要因素,但使有限的资源合理地分配到儿童青少年生命安全教育之中,有效地实现预防疾病的目的,提高儿童青少年健康水平,就需要有效的健康管理。因此,需要创建有利于儿童青少年身心健康的社会环境,形成学校、社区、家庭、教育、医疗卫生机构等联动的儿童青少年健康促进模式，落实儿童青少年生命安全健康教育和疾病预防干预措施，加强重点健康问题疏导，增进儿童青少年生命安全和健康，促进儿童青少年健康成长。

（杜玉开）

第二章 突发公共卫生事件后儿童青少年自我健康管理

突发公共卫生事件是指突然发生,造成或者可能造成社会公众健康严重损害的重大传染病疫情、群体性不明原因疾病、重大食物和职业中毒以及其他严重影响公众健康的事件。儿童青少年身体及心智发育尚不成熟,在突发公共卫生事件中更易出现身心健康问题。故突发公共卫生事件发生后,需要积极推进儿童青少年自我健康管理来促进儿童青少年身心健康成长。

第一节 突发公共卫生事件对儿童青少年身心健康的影响

21 世纪以来,我国经历了多次突发公共卫生事件,包括 SARS 疫情、H5N1 人感染高致病性禽流感疫情、汶川地震、三鹿奶粉事件、新冠肺炎疫情等。这些突发公共卫生事件给社会生产、人民生活带来了巨大威胁,也严重地影响了广大人民群众的身心健康。儿童青少年正处于身心快速发展的阶段,他们的心理和行为易受到外界因素的影响,且儿童青少年的身心状况还直接影响着其生长发育及以后的发展,故明确突发公共卫生事件尤其是重大、特大突发公共卫生事件对儿童青少年身心健康的影响,针对性地开展预防与干预,是儿童青少年健康管理的重要议题。突发公共卫生事件对儿童青少年身心健康的影响主要体现在以下几个方面:

一、突发公共卫生事件相关信息发酵所带来的紧张与焦虑

在这个信息大爆炸的时代,人们可以通过各种渠道来获取资讯。互联网的迅猛发展,使得信息的传播速度越来越超乎想象。随着突发公共卫生事件的发展,各种信息通过不同的媒体渠道广泛传播。由于缺乏足够的社会经验和专业知识,儿童青少年对各种信息缺乏正确的判断,易被不实信息干扰,从而加剧内心的不安和焦虑,无形中增加了儿童青少年的心理负担,导致身心健康受到影响。此外,重大自然灾害中伤亡人数及重大传染病疫情中发病、死亡人数的持续增加对儿童青少年的心理承受能力也是一个极大的考验,对灾情、

疫情发展速度的担忧及对死亡的恐惧慢慢侵蚀着他们的身心健康。如果长期处于焦虑和恐惧中，儿童青少年不仅会出现心理失衡，甚至还可能会出现病理症状，引发其他的精神疾病。同时，长期的紧张和焦虑还会造成儿童青少年体内激素分泌失衡，使其免疫力下降，进而更易患病。

二、新发、不明原因传染病疫情相关症状所致的担心与恐惧

突发公共卫生事件中一大类就是新发、不明原因性疾病，如SARS疫情、新冠肺炎疫情等在疫情初期均病因不明。这些疫情在早期多表现为发热、咳嗽等非特异性呼吸系统症状，部分患者还具有消化系统、神经系统症状等。症状的非特异性和疾病的普遍易感性无疑加剧了儿童青少年对感染传染病的恐惧和疑病心理。只要身体出现不适，就开始担心甚至怀疑自己可能感染疾病。这种"草木皆兵"的情绪不利于儿童青少年的身心健康。这种紧张情绪在患有基础性疾病的儿童青少年中可能会更加严重。对于患有基础疾病的儿童青少年而言，新发传染病就如同笼罩在头顶上的阴霾，让他们常常处于对感染病原体的担心和恐惧中。此外，居家隔离的限制和外出就医的风险也让儿童青少年在担心疫情的同时还要担忧自身的疾病能否得到有效的治疗，这容易使他们产生悲伤、无助、焦虑等情绪。

三、长时间居家隔离带来的压抑与孤独

重大、特别重大突发公共卫生事件期间，社会生活可能受到严重影响。以新冠肺炎疫情为例，2020年上半年全国大约有2.2亿儿童青少年在疫情期间经历了居家隔离。居家隔离尤其是长期居家隔离会对儿童青少年的身心健康产生不利影响。由于居家隔离的限制，儿童青少年处于一种封闭状态。长时间的封闭除了会加剧儿童青少年内心的恐惧和不安外，还容易引发父母和子女之间的冲突，这不仅会使家庭氛围变得沉闷与压抑，甚至还会给儿童青少年尚未发育完善的心理留下不可磨灭的阴影。同时，由于外出受限，户外活动和锻炼时间也大大缩减，导致儿童青少年的身体素质明显下降。此外，由于与同龄人沟通交流的机会减少，儿童青少年往往花费大量的时间在看电视、玩手机上，睡眠变得不再规律，情绪上也更容易表现为失落和孤独。

四、学习方式改变带来的不适与焦躁

重大、特别重大突发公共卫生事件期间，儿童青少年的学习方式可能发生一定的改变，如由在校课堂学习转变为在线课堂学习。对儿童青少年而言，"宅"家学习也是一个巨大的考验。部分儿童青少年在短时间内难以适应学习方式的突然转变，甚至不知所措，导致其学习效率低下，并进一步产生自

责、焦虑、烦躁不安等一系列消极情绪。部分注意力不集中、自控力差的儿童青少年在缺乏足够的约束与关注的情况下，无心学习，甚至沉迷电子产品。这些都将对儿童青少年的身心健康产生影响。此外，父母长时间的唠叨以及对孩子学习成绩的不满可能会加重儿童青少年内心的叛逆情绪，而这种不良的情绪会让他们一直处于易怒、沮丧等不稳定的状态，也会给他们的身心健康带来不良的影响。再者，居家隔离期间，因学习需要，儿童青少年使用电子产品的频次和时间显著增加，加上缺乏足够的户外活动，致使大多数儿童青少年用眼过度，从而对儿童青少年的视力健康造成不良影响。

五、收入锐减带来的家庭矛盾激化

受突发公共卫生事件的影响，社会经济发展会在一定程度上延缓甚至局部停滞。这对于很多仅靠外出务工获取收入的家庭而言，无疑有很大影响。家庭收入锐减，甚至开销增加很大程度上加剧了家庭矛盾。家长的焦虑、易怒情绪会使得家庭氛围紧张，易引起家庭矛盾。家庭矛盾频发会导致儿童青少年缺乏安全感，恐惧家庭生活，恐惧与人交往，甚至对未来失去信心。

儿童青少年的身心健康对社会和谐发展至关重要。尽管突发公共卫生事件带来了各方面的困难，但在解决困难的同时也不能忽视人们的身心健康，尤其是心智发育不完善、处于自我同一性和角色混乱冲突阶段的儿童青少年。儿童青少年更容易受到群体情绪的裹挟而影响自身的判断，从而变得更加不安、盲从、愤怒甚至偏执。突发公共卫生事件尤其是重大、特别重大突发公共卫生事件所带来的惶恐不安和焦虑除了影响儿童青少年的情绪和行为外，还影响着他们正常学习和生活。儿童青少年作为应激事件的敏感人群，应得到家庭和社会的重点关注。家庭是儿童青少年心灵的依靠和最温暖的港湾，而社会则是强大的靠山，是让儿童青少年心安的基础。因此，面临突发公共卫生事件尤其是重大、特大突发公共卫生事件时，要及时关注儿童青少年的心理反应，尽可能确保儿童青少年的身心健康不受影响。

第二节　突发公共卫生事件后儿童青少年生命安全教育要点

无论是重大传染病疫情、不明原因疾病本身还是其他突发公共卫生事件，往往带来各种健康问题。针对性地开展健康促进及健康教育对于全社会预防疾病、促进健康的大卫生观的形成至为重要。儿童青少年群体对传染性疾病、中毒、食品安全、自然灾害等突发事件相关理论知识知晓度低，生理、认知、情绪、社交等方面尚未发育成熟，因此，各种健康问题更易在儿童青少年群体中蔓延。儿童青少年群体正处于身心发育的重要阶段，重大、特别重大突发公共卫生事件不仅影响了他们正常的学习生活，同时也带来了健康危害，甚至可能危及生命。故突发公共卫生事件后对儿童青少年进行切实、有效的生命安全教育是必要且重要的。

生命安全教育指针对遭遇突发性事件、灾害性事故时所表现出来的应急、应变能力的教育，避免生命财产受到侵害时的自我保护、安全防卫能力、安全意识的教育，以及法制观念、健康心理状态和抵御违法犯罪能力的教育。顾名思义，生命安全教育就是有关生命和安全的一系列教育活动，通过对儿童青少年进行生存能力的培养和自我安全意识与能力的锻炼，使其对自身生命安全有一个完整的认识，并尊重生命，切实做到保护儿童青少年生命安全的过程。

一、突发公共卫生事件后相关理论知识的普及

中国的儿童青少年教育目前普遍没有将突发公共卫生事件涉及的传染性疾病理论知识、食品安全相关知识、自然灾害自我救助等理论知识作为生命安全教育的内容。历次重大突发公共卫生事件告诉人们，必须重视对儿童青少年传染性疾病理论知识、食品安全相关知识、自然灾害自我救助等方面的教育，特别是传染性疾病种类、临床表现、传播方式及预防措施、食物中毒症状、自然灾害可能伴发的次生伤害等方面的教育。加强相关理论知识教育可提升儿童青少年对突发公共卫生事件的认知，为传染性疾病、食品中毒、重大自然灾害次生伤害的防控做好铺垫。

学校是儿童青少年学习理论知识的理想场所，可通过多种形式对儿童青少年进行突发公共卫生事件相关理论知识教育，包括开设课堂、专家讲座等。学校可对相关理论知识做好学习规划，定期安排理论课程，在条件允许的情况下，可邀请专家开展讲座。同时，在进行一系列理论知识教育之后，可开展形式多样的课外活动了解儿童青少年对相关知识的掌握程度。例如：小组知识竞赛、写作比赛等。丰富的课外活动不仅可以提升儿童青少年的学习兴趣，还能提升他们对各种突发公共卫生事件的知晓度。学校亦可以通过多种网络资源，如在视频、音乐中融入生物安全元素增加儿童青少年的学习兴趣。此外，为了更切实地增强儿童青少年应对传染性疾病暴发、中毒事件、自然灾害等突发公共卫生事件的能力，有条件的学校可以开展突发公共卫生事件应急训练等模拟演练，让儿童青少年在模拟环境中激发出真实的情感体验，提升应对突发公共卫生事件的能力和信心。

二、突发公共卫生事件后儿童青少年身体素质强化

科学的体育锻炼能有效地提升心肺功能，增强机体免疫力和体能，是预防疾病及增强自救能力的手段之一。突发公共卫生事件后，学校应进一步发挥体育学科的优势，增加体育课程占比，以体育教育为载体，增进儿童青少年的身体素质。同时，针对家庭体育认知度较低、家庭体育参与意识淡薄、父母融入儿童青少年家庭体育活动匮乏等现象，学校可通过健康教育、在线视频教学、家庭体育作业等方式，在家长的配合下积极形成家庭体育氛围，养成家庭锻炼习惯，为家庭体育发展注入新的活力。除此之外，还需要教导儿童青少年养成良好的饮食习惯，合理搭配饮食、均衡营养，多方面结合增强儿童青少年的身体素质。

三、突发公共卫生事件后儿童青少年心理健康教育

突发公共卫生事件尤其是重大突发公共卫生事件后，父母应帮助儿童青少年积极调整心态，让他们学会在危机中保持镇静。学校应针对儿童青少年心理健康需求，就学习心理辅导、情绪管理辅导、生涯规划辅导、同伴关系辅导等开展健康教育。学校应该将儿童青少年心理健康教育融入常规教学，向学生介绍情绪引导及心理疏导的方法，通过学校官网、微信群、QQ 群发布心理健康科普文章，引导儿童青少年理性看待今后可能发生的类似突发公共卫生事件，教导儿童青少年如何在类似的事件中提高心理免疫力，增加心理韧性，进行自我心理保健。此外，对于那些在突发公共卫生事件中直接遭受身心损害的儿童青少年，家庭和学校应给予更多的关爱，并为有需要的儿童青少年及家长提供专业且多样化的心理健康教育服务，帮助他们重塑自信心，获得被爱感和认同感，使他们更好地融入正常的学习和生活。

四、突发公共卫生事件后儿童青少年思想品德及法制教育

突发公共卫生事件防控关乎公众健康、社会稳定甚至国家安全。任何公民都有义务积极配合突发公共卫生事件的防控，这不仅是个人道德问题，也是国家法制要求。新冠肺炎疫情期间，政府采取了一系列强有力的措施，取得了良好的抗疫成绩。多地派出医疗卫生人员驰援武汉，人民群众积极捐款捐物，涌现了无数的抗疫英雄，其间的暖人事迹，感人肺腑。在全国人民万众一心、共同抗疫之时，仍有部分人员罔顾相关法律法规，不配合抗疫工作人员的工作。这提示我们需要从根源上抓起，做好儿童青少年思想品德及法制教育工作具有重要意义。如果一个人不具备良好的思想品德，在重大突发公共卫生事件来临时，其对社会的危害是不言而喻的。在新冠肺炎疫情期间，就有人在

高度怀疑自己感染了新冠病毒的情况下，仍故意多次出入公共场所肆意播散病毒，最后导致多人被隔离进行医学观察。这些不良甚至违法行为的出现都给了我们极大的警醒，提示我们需要从儿童青少年开始进行思想品德及法制教育，培养其社会责任感，要尊重他人，爱惜生命，绝不做危害社会健康和他人生命安全的事。

第三节　突发公共卫生事件后儿童青少年健康促进要点

突发公共卫生事件具有突发性、传播广泛性及危害严重性的特征，往往导致儿童青少年出现不同程度的身心健康损害，如食欲差、腹部不适、睡眠差等躯体不适，以及焦虑、紧张、烦躁易怒、恐惧等心理问题。儿童青少年是一类特殊的群体，正处于生长发育的重要阶段，需要充足的营养物质及适量的运动来促进机体的生长发育，同时也需要积极的信念以及平和的心态来保持心理的健康。有效地减少突发公共卫生事件尤其是重大、特大突发公共卫生事件对儿童青少年的负面影响，这对于促进青少年的身心健康至关重要。

一、家校合作促进儿童青少年体质健康

重大突发公共卫生事件尤其是特别重大突发公共卫生事件期间儿童青少年的生活节奏及学习习惯都可能发生变化，而这些变化可能影响他们的生长发育。重大突发公共卫生事件后提高儿童青少年的体质健康已提上日程。

家庭和学校是儿童青少年最主要的活动场所，两者之间的有效合作对促进儿童青少年体质健康至关重要。要实现家校合作，校方与学生家庭成员应从思想上认识到家校合作对促进儿童青少年体质健康的重要作用。在具体工作中，学校与家庭要突出培养儿童青少年的体育锻炼习惯、健康作息、良好饮食习惯及健康自评能力等等。无论是学校还是家庭，都应该做到以儿童青少年为中心，考虑他们的主观意愿。

1. 学校层面　学校应该从学校发展、学生个人发展等层面科学制定儿童青少年体质健康促进工作计划，包括在理论教学过程中强化健康知识、培养健康素养，在实践教学中增加体育课程、丰富锻炼形式、注重教体结合、完善训练和竞赛体系，从知识和技能两个方面提高儿童青少年的体质健康。教师应及时关注儿童青少年家庭环境，做好家庭、学校之间的沟通和交流，对儿童青少年日常行为给予正确的引导，从而更科学地开展体质健康促进工作。与此同时，教师始终要以“健康第一”的理念为指导思想，培养儿童青少年积极参加有利于体质健康的活动的意识，带动儿童青少年形成崇尚健康的价值体系。

2. 家庭层面　父母是儿童青少年最好的老师，家庭教育并非学校教育的补充和协助，两者处于平等地位，甚至有时候家庭教育比学校教育更为重要。家长要对儿童青少年进行教育，首先自身要有一定的理论基础。每个家庭的背景不同，家庭人口构成、经济水平、父母及监护人的职业、文化程度等均存在差异，这些差异会导致家庭在儿童青少年体质健康促进中所发挥的作用不同。考虑到以上情况，对家长开展教育是很有必要的。通过开展家长教育，可以使家长更加重视儿童青少年的体质健康问题，掌握儿童青少年体质健康促进的基本理论知识与技能。家庭环境与学校相比，更加生活化，学校方面力求发挥体育教育的功能，家庭方面则负责监督与引导儿童青少年。家长的责任是观察儿童青少年的家庭生活如作息、体力活动等，及时发现问题并加以引导。家长应力所能及地改善家庭生活环境，营造良好的体育氛围，从而带动儿童青少年主动参与体育活动，在这个过程中家长最好参与其中，彼此成为搭档，这样的言传身教更易于激发儿童青少年的运动热情。在家校合作的环境下，家长也扮演着监督者的角色，家长对学校在家校合作中所开展的各项工作有监督权，若家长发现学校工作中有思想、行为不当，可与学校充分交流沟通，以共同促进儿童青少年的体质健康。

二、从家庭、学校、社区层面促进儿童青少年心理健康

儿童青少年时期是心理发育的关键阶段。突发公共卫生事件尤其是重大、特大突发公共卫生事件给儿童青少年带来了一定的心理压力，甚至导致儿童青少年心理疾病的发生。有效地缓解心理压力是儿童青少年健康成长的必要条件，这需要学校、家庭、社会等各方的共同努力，家庭是源头，学校是重点，社区是补充，三者紧密结合。

1. 家庭层面　家庭教育对儿童青少年心理健康发展的重要作用主要体现在五个方面。一是家长营造乐观、和谐、积极向上的家庭氛围，对儿童青少年进行积极有益的启发引导，帮助其形成健全人格。二是家长应以身作则，树立榜样，传递善良、公正、勤劳、节俭等优良价值观，促进儿童青少年形成优秀的道德品质。三是家长应鼓励并培养儿童青少年的独立意识和主体意识，提高其独立性和创新性，促进儿童青少年的个性发展。四是家长应与儿童青少年加强沟通，及时了解和关注儿童青少年的心理变化和情感需求，给予倾听及恰当的引导，帮助儿童青少年排解自身的不良情绪和心理压力。五是家长应当适当参与儿童青少年的决策活动，为孩子提供建议和支持，并且为孩子提供有效信息和技能示范，这样做有助于提高青少年社会成熟性和心理弹性。

2. 学校层面　学校应设置心理健康课程，通过校园官方微博、微信公众号、贴吧、主题班会、黑板报等多种形式定期发布关于心理健康教育的知识。

学校可以针对家长开展相关的讲座与课程，向家长和社区宣传普及心理卫生知识，争取家长和社区的配合，共同关心儿童青少年的心理健康教育，改善家庭教育氛围，启发家长自身的高尚情操。另外，学校应尽可能完善教师配置，保证心理教师团队的专业化。除此之外，心理教育教师也可以开通心理咨询邮箱，使得儿童青少年可以通过匿名发送邮件的途径向教师说明自己遇到的问题，从而使他们能够适当地倾诉，得到正确的引导。

3. 社区层面　除家庭、学校外，社区是儿童青少年的第三个主要生活、学习场所，在社区层面加强儿童青少年心理健康促进是对学校、家庭层面健康教育的增强和补充。社区层面应从营造和谐的社区环境、完善基础心理健康设施、配备必要的心理健康教育工作者、建立心理健康评估体系等方面做起。社区健康教育的内容应该涵盖常见的心理问题及应对方法，通过健康教育，呼吁监护人加强对儿童青少年心理问题的重视。如果可实现，社区机构应尽可能配备心理专业医务人员，有条件的社区医疗机构可以在机构内开设儿童青少年心理咨询门诊，并常态化开诊；也可以与辖区学校联合，在学校医务室开诊等。

儿童青少年是国家的未来，他们的身心健康发展关系到民族的振兴与国家的繁荣富强。促进儿童青少年身心健康发展，需要学校、家庭、社区等各方面的共同努力。

第四节　突发公共卫生事件后儿童青少年身心发展与健康管理

《“健康中国2030”规划纲要》中明确指出，要加强重点人群健康服务，其中就包括实施健康儿童计划，加强儿童早期发展，加强儿科建设，加大儿童重点疾病防治力度，扩大新生儿疾病筛查，继续开展重点地区儿童营养改善等项目。儿童青少年是家庭和祖国的未来和希望，是国家强盛和社会发展的重要人力资源基础，因此保障儿童青少年的身心健康发展是全社会的责任。

健康管理是运用信息和医疗技术，在健康保健、医疗的科学基础上，建立的一套完善、周密和个性化的服务程序，其目的在于通过维护健康、促进健康等方式帮助人们建立有序健康的生活方法，降低风险状态，而一旦出现临床症状，则通过就医服务的安排，使其尽快地恢复健康。儿童青少年健康管理，包括体质健康检查评估、营养处方、运动处方、心理评估及健康心理处方、健康档案管理等，能够降低儿童青少年的身体疾病、心理疾病的风险，为儿童青少年制订对健康有益的方案。

在重大突发公共卫生事件尤其是重大传染病疫情期间，为了防止疫情传染，相关部门可能采取局部封控、居家隔离等防控措施。面对这样突发的重大突发公共卫生事件，儿童青少年原来正常的学习和生活都被改变，很容易出现身心状态变化，对健康引起不良影响，所以针对儿童青少年的健康管理方案就显得尤为重要。

一、突发公共卫生事件后一般儿童青少年身心健康管理的方法

1. 饮食　膳食上参考中国居民膳食宝塔，注意食物的多样化，荤素搭配，粗细搭配；多吃新鲜蔬菜和水果，补充每日所需的各种维生素；保证肉类、蛋类煮熟后再食用；多饮水，保证身体水分充足。处于快速生长阶段的儿童青少年，需要更多的营养，在膳食上要注意多补充能量，食物多样，避免购买和食用野味。

2. 运动　WHO 推荐 5 ~ 17 岁儿童青少年每天开展 60 分钟中、高强度的体力活动，并建议每周应该至少有 3 次强健肌肉和骨骼的活动。在传染性疾病高发的季节，如需开展户外体育活动，可选择人较少的公园或户外场地。如果场地人群比较密集，则建议佩戴口罩。但需注意的是运动时戴着口罩会影响氧气的吸入，使呼吸不通畅，甚至导致缺氧，所以戴着口罩时应避免做剧烈运动，以避免意外发生。重大传染病疫情期间，除了开展室外体育活动之外，儿童青少年也可以增加居家体育活动，如在客厅绕圈跑步、跳绳、练体操、练舞蹈等，这样可以在避免与外界人员接触的情况下达到锻炼身体的效果。在学校开展体育活动时，教师应详细了解儿童青少年的身体状况，避免有心脏病或其他基础疾病的儿童青少年进行高强度的体育锻炼。

3. 学习及生活状态　在重大突发公共卫生事件尤其是重大传染病疫情管控期间，儿童青少年的生活可能会局限在家中，并通过在线教育学习知识。由于自控力差异，部分儿童青少年在家中可能会沉迷于电子产品，不按正常时间作息等，进而导致近视、肥胖等问题。突发公共卫生事件后，儿童青少年的生活会逐渐恢复到正常状态，平时应该做眼保健操，多运动，按常规作息时间表安排学习活动。家长在家要多与孩子进行互动，限制儿童青少年接触电子产品的时间，并鼓励孩子多与同伴进行交流。对于面临升学的儿童青少年，由于突发公共卫生事件的影响，耽误了学业，家长和教师也要加强与他们的沟通，及时帮助他们克服学业和心理上的困难，鼓励他们向朋友和家长倾诉自己的困难，使其学习和生活快速回到正轨。

4. 心理状态　不同年龄段的儿童青少年的心理发育情况不一样，面对突发事件的反应也不尽相同，应该根据儿童青少年不同年龄的心理特点制定针

对性的干预措施。在突发公共卫生事件后，家庭对儿童青少年心理状态的调整应该起主要的作用。父母应该陪伴在儿童青少年身边，及时发现他们食欲、睡眠、情绪和性格的变化，并进行疏导，鼓励其学会克服自己的负面情绪。同时，父母自己应该保持积极乐观的心态，不让自己的负面情绪影响孩子。此外，父母需要根据儿童青少年的认知能力向他们科普有关疫情的知识，减少他们的焦虑情绪。需要特别指出的是，青少年已经有比较成熟的抽象思维和逻辑思维，对绝大多数事情有着自己的判断和理解，父母在与他们交往时要注意沟通的方式，要以平等、尊重的态度进行交流，当意见不一致时，要善于倾听及沟通，不能够把自己的想法强加于人，加重孩子的心理负担。

二、突发公共卫生事件后特殊儿童健康管理应注意的地方

1. 感染过重大传染病的儿童青少年　对于那些在重大传染病疫情中感染过病原体的儿童青少年，其在疾病恢复期自身免疫力往往比较低，仍然有感染其他病原体的风险，所以即使在疫情结束后仍需要做好个人日常防护，尽量少出门，不去人群密集的场所，定期去医院复诊，并且需要注意日常饮食和锻炼。对这类儿童青少年除了需要采取躯体康复措施外，还需关注心理康复情况。患儿可能对自己病情不了解而产生过分的担忧和恐惧，周围同学和朋友可能会因为他们患过传染病而疏远，导致患儿出现孤立感和无助感。同时，父母如果出现烦躁或焦虑的情绪，会使患儿产生悲伤、委屈等情绪。针对上述情况，首先，患儿父母需要学习疾病康复治疗的相关科学知识，照顾好患儿的日常起居。其次，父母应该调整好自己的心态，积极关注患儿的心理动向，根据患儿不同年龄的心理特点讲解传染病的科普知识，帮助患儿克服恐惧和焦虑的情绪。再次，父母平时需要与孩子多沟通，并鼓励他们主动与身边的朋友同学交流，以减少孤立和无助感。

2. 患有基础疾病的儿童青少年　重大突发公共卫生事件尤其是特别重大突发公共卫生事件通常给人民健康带来严重危害。政府可能会采取一定的封控措施防止其危害进一步扩大。这可能给患有基础疾病的儿童青少年带来不便，如疾病得不到及时良好的治疗而加重身体或精神负担。这些家庭中的父母相比其他普通儿童的家长面临更大的压力，更容易产生焦虑的情绪。对于这些儿童青少年和家长，学校和社会应给予更多的关注和帮助。应建议相关患儿家长通过网络在线问诊平台与医生进行沟通或通过网络学习相关课程，掌握基本的家庭干预方法，减轻患儿的躯体不适，并及时、正确地调整患儿的心态，帮助儿童青少年平稳过渡到正常生活。对于突发公共卫生事件期间出现过严重自伤或攻击行为的患儿，必须要到专科医院就诊，必要时需要用药物改善和控制行为问题。

3. 其他儿童青少年　突发公共卫生事件发生地常常还存在大量没有直接受到事件影响的儿童青少年，如疫源地未感染儿童青少年，中毒事件中未接触毒物儿童青少年、自然灾害中未受到直接伤害的儿童青少年等。对于这样的儿童青少年，更应注重个人健康管理，包括注意个人卫生、做好健康监测、短期内尽量不去公共场所或可能发生次生灾害的场所、注意食品安全、不接触来源不明的化学物质、出现不适应及时就医等。在心理上，儿童青少年面对突发公共卫生事件，可能会出现不同程度的焦虑、恐惧和害怕等情绪，很容易出现心理失衡的状态。父母在此期间需要时刻关注他们的身心状态动向，时常陪伴在他们身边，并鼓励他们学会自我调节情绪。

总而言之，突发公共卫生事件后儿童和青少年的身心健康发展需要学校、家庭和社会的共同努力。家人与老师应该随时关注儿童青少年的身体和情绪状态动向，及时发现问题，减少突发公共卫生事件对他们身心发育带来的影响，促进他们身心健康发展。

（刘　莉）

第三章 儿童青少年食品安全与膳食营养健康管理

“民以食为天，食以安为先”。儿童青少年的营养和食品安全不仅关系着个人的成长和健康，也关系着家庭、社会的未来，受到国家、学校、家庭和社会的广泛关注。但是，由于缺乏科学合理的营养和食品安全知识和积极有效的指导，我国中小学生的营养健康问题比较突出。一方面，能量过剩造成的超重和肥胖发病率逐年增加。另一方面，由于膳食结构和食物选择不合理，微量营养素如钙、铁、锌以及维生素 A 等缺乏比较常见。同时，学校食品安全事件，包括食物中毒和食源性疾病，时有发生。因此，应结合儿童青少年生长发育特点及营养需求、合理膳食结构、食源性疾病的防治以及儿童青少年食品安全与膳食营养管理等方面给儿童青少年及家长普及营养与食品安全方面的知识，保障儿童青少年健康成长。

第一节　儿童青少年生长发育特点及营养需求

均衡的膳食和充足的营养是保证儿童青少年身心发育，乃至其一生健康的物质基础。儿童青少年生长发育迅速，除了要维持生理代谢和身体活动需要外，还要满足生长发育的需要，因此能量和营养素的需要量较高。

一、能量

儿童青少年的能量摄入应满足基础代谢、身体活动、食物热效应以及生长发育的需要。6~17 岁儿童青少年的能量需要量随着年龄的增加而增加，轻度和中度体力活动所需能量为 1 250~2 850kcal，女孩比男孩低 200~500kcal。能量摄入主要来自膳食中可以提供能量的宏量营养素，即碳水化合物、脂类和蛋白质。

二、蛋白质

蛋白质由不同的氨基酸构成，是生命的基础，构成人的组织和器官，合成各种生理活性成分如抗体、酶等，参与人体各个代谢过程。蛋白质还可以提供能量，每 1g 蛋白质提供 4kcal 的能量。儿童青少年蛋白质需要量包括蛋白质的维持量以及生长发育所需的储存量，每天需要摄入 40~75g，占总能量的 10%~15%。处于生长阶段的儿童青少年对蛋白质缺乏更为敏感，常表现为生长迟缓、低体重、免疫功能下降等，出现蛋白质 - 热能营养不良。过多蛋白质摄入也会增加尿钙排泄增多、肝肾负担加重等风险。鱼、禽、肉、蛋、奶等动物性食物，以及大豆及其制品等植物性食物是优质蛋白的良好来源（表 3-1），儿童青少年优质蛋白的摄入量应占膳食总蛋白的 50% 及以上。

表 3-1 优质蛋白质丰富的食物排名

排名	食物名称	蛋白质含量（单位：g/100g）	蛋白质质量评分
1	鸡蛋	13.1	106
2	牛奶（液态）	3.3	98
3	鱼肉	18	98
4	虾肉	16.8	91
5	鸡肉	20.3	91
6	鸭肉	15.5	90
7	瘦牛肉	22.6	94
8	瘦羊肉	20.5	91
9	瘦猪肉	20.7	92
10	大豆（干）	35	63（浓缩大豆蛋白为 104）

三、脂类

脂类包括脂肪、磷脂和固醇，可为人体提供和储存能量，提供必需脂肪酸，促进脂溶性维生素的吸收，维持体温等。适宜的脂类摄入对于维持儿童青少年的发育与健康必不可少。脂肪摄入过低，会导致必需脂肪酸的缺乏，影响儿童青少年正常的生长发育。但脂肪摄入过多会增加超重肥胖、高血压、血脂异常等的风险。我国 6~17 岁儿童膳食脂类摄入量应占供能比的 20%~30%，每天烹调用油 20~30g（2~3 瓷勺）。大豆油、葵花籽油、花生油等含有丰富的必需脂肪酸，可交替选用。深海鱼中含有较多的 EPA 和 DHA，可促进大脑及认知发育，建议儿童青少年每周摄入 1~2 次海鱼。

每 1g 脂肪可提供 9kcal 的能量。油煎油炸使食物能量大大增加，高温油炸过程中容易产生有毒有害的聚合物,营养价值也降低了,所以要减少油煎油炸食物的摄入。反式脂肪酸对儿童青少年生长及心血管系统损害较大,应减少摄入含氢化植物油、人造黄油等富含反式脂肪酸的加工食品,如威化饼干、奶油面包、派、夹心饼干、冰激凌、奶茶等。

四、碳水化合物

碳水化合物是最主要和最经济的能量来源,儿童青少年碳水化合物推荐摄入量应占膳食总能量的50%~65%,主要来自主食如米、面、粗杂粮等复合碳水化合物。主食的摄入对于维持正常的血糖、保证儿童青少年学习用脑非常重要。每天应摄入250~400g主食,即每餐2~3两主食。尤其对于早餐,如有不吃主食甚至不吃早餐的习惯,长此以往会影响学习行为能力和记忆力。

添加到食品和饮料中的单糖(如葡萄糖、果糖)和双糖(如蔗糖或砂糖)以及天然存在于蜂蜜、糖浆、果汁和浓缩果汁中的糖称为游离糖。添加糖或游离糖属于纯能量食物,能量高,与超重肥胖、龋齿的发生关系密切。WHO及我国均建议儿童青少年游离糖摄入量小于50g(约供能比的10%),最好能控制在25g以内。通常,1瓶500ml的含糖饮料(8%~12%)中就含有40~60g的糖,要尽量减少摄入。

五、维生素

维生素是一类维持儿童青少年正常生长发育必需的低分子量的有机化合物。虽然需要量少,但不可缺少。儿童青少年比较容易缺乏的维生素主要包括维生素A、维生素C、维生素D等。

(一)维生素A

充足的维生素A对于儿童青少年保持黏膜完整,保障免疫功能,维护视力健康很重要,需要每天摄入450~820μgRAE。我国儿童青少年维生素A缺乏比较常见,2010—2012年中国6~17岁城市儿童青少年维生素A缺乏、边缘缺乏率分别为7.7%和18.6%。

膳食维生素A的来源包括已形成的维生素A和维生素A原。已形成的维生素A主要来源于各种动物肝脏、鱼、蛋黄、奶制品等动物性食物,应占全部来源的1/3。维生素A原(类胡萝卜素)在深色蔬菜如胡萝卜、菠菜、南瓜中含量较高,儿童青少年应保证每日蔬菜的1/3~1/2为深色蔬菜。

(二)维生素D

维生素D主要促进人体对钙的吸收和利用,也参与调节机体免疫功能,儿童青少年维生素D每天需要摄入10μg(400IU)。长期维生素D缺乏与骨软化、骨质疏松有关,儿童青少年多见亚急性佝偻病,以骨质增生为主,容易出现腿疼和抽搐。

维生素 D 的食物来源较为有限，富含于某些海洋鱼类的肝脏。另外，维生素 D 主要靠皮肤经过适当的日光紫外线照射后合成，或额外的维生素 D 补充，儿童青少年应保证每天 60 分钟户外活动，在不能进行足够户外活动或日光不充足的季节，可选用维生素 D 强化食品或补充剂。

（三）维生素 C

维生素 C 具有抗氧化作用，在铁的利用、叶酸还原、胆固醇代谢，以及抗体、胶原蛋白、神经递质合成等方面发挥重要作用，每天需要摄入 60~100mg。

维生素 C 的主要来源是新鲜的蔬菜和水果（表 3-2、表 3-3），儿童青少年每日至少保证 300~500g 蔬菜水果的摄入就可以基本满足维生素 C 的需求。

表 3-2　富含维生素 C 的蔬菜排名

排名	食物名称	维生素 C（单位：mg/100g）
1	柿子椒	130
2	芥蓝	76
3	豌豆苗	67
4	油菜薹	65
5	辣椒（青，尖）	62
6	菜花（花椰菜）	61
7	红薯叶	56
8	苦瓜（凉瓜）	56
9	西蓝花（绿菜花）	51
10	萝卜缨（小萝卜）	51

表 3-3　富含维生素 C 的水果排名

排名	食物名称	维生素 C（单位：mg/100g）
1	刺梨	2 585
2	酸枣	900
3	冬枣	243
4	沙棘	204
5	中华猕猴桃	62
6	红果（山里红、大山楂）	53

续表

排名	食物名称	维生素 C(单位:mg/100g)
7	草莓	47
8	木瓜	43
9	桂圆	43
10	荔枝	41

六、矿物质

人体由各种各样的矿物质构成,与儿童青少年生长发育关系比较密切且容易缺乏的矿物质主要包括钙、铁和锌。

(一)钙

钙是构成骨骼、牙齿和软组织的重要成分,与成年人相比,处于生长发育期的儿童青少年往往需要更多的钙,需要每天从膳食摄入 800~1 200mg。如果长期钙摄入不足,并常伴随蛋白质和维生素 D 的缺乏,可能出现生长迟缓、骨钙化不良,严重者出现骨骼变形。此外儿童青少年钙摄入充足还有助于青壮年时期(30~40 岁)骨密度峰值达到较高水平,从而降低中老年时期骨质疏松风险。

奶和奶制品是钙的良好食物来源,青少年应保证每日 300~500g 奶及奶制品摄入。大豆及其制品也是钙较好的来源。

(二)铁

铁主要参与人体对氧的运输和利用,儿童青少年生长发育期对铁需要量增加,特别是青春期生长加速阶段,铁需要量很大,需要每天摄入 12~18mg。铁缺乏可以引起缺铁性贫血,机体免疫和抗感染能力降低,生长迟缓及学习能力下降,这种认知和学习能力的损害在补铁后也难以完全恢复。

动物血、动物肝脏、大豆、黑木耳、芝麻酱中铁含量丰富,畜肉类和动物肝脏是铁的良好来源。

(三)锌

锌对儿童青少年生长发育、智力发育、免疫功能、物质代谢和生殖功能均具有重要的作用,需要每天摄入 6.5~11.5mg。儿童青少年锌缺乏的表现包括味觉障碍,偏食、厌食或异食,生长迟缓,性发育或功能障碍,免疫功能低下等。

动植物性食物中都含有锌,贝壳类海产品、畜肉类、动物内脏等都是锌的良好来源。

第二节 合理营养和膳食结构与儿童青少年健康

儿童青少年所需要的能量和营养素来源于不同种类的食物。按照营养价值，食物可分为7大类，包括谷薯类、蔬菜水果类、禽畜肉鱼类、蛋类、奶类、大豆坚果类和油脂类。各种食物含有的能量和营养素不同，如谷薯类主要含有丰富的碳水化合物（淀粉）、膳食纤维和B族维生素等，蔬菜水果主要含有丰富的矿物质、维生素、膳食纤维以及植物化合物等。除了母乳能满足6月龄内的婴儿需要外，没有任何一种天然食物可以满足人体所需的能量及全部营养素。

一、合理膳食和膳食结构

膳食中不同食物种类和数量的构成就是膳食结构，或者是膳食模式。中国主要是以植物性食物为主的膳食模式，在《黄帝内经》中就有记载“五谷为养，无果为助，五畜为益，五菜为充”。但是近几十年来，我国的膳食结构也逐渐向高脂、高糖、高能量的西方膳食模式改变，这是造成肥胖、心血管疾病和糖尿病等能量过剩相关慢性疾病高发的重要原因。那什么才是合理的膳食结构呢？西方国家推崇地中海膳食模式（mediterranean dietary pattern），该膳食模式是居住在地中海地区的居民所特有的，意大利、希腊等国的膳食可作为该种膳食结构的代表。膳食富含植物性食物，包括水果、蔬菜、土豆、谷类、豆类、果仁等；食物的加工程度低，新鲜度较高；橄榄油是主要的食用油；每天食用少量、适量奶酪和酸奶；每周食用少量、适量鱼、禽、蛋，红肉（猪、牛和羊肉及其产品）食用频率低；新鲜水果作为餐后食品，甜食食用少；大部分成年人有饮用葡萄酒的习惯。此类膳食饱和脂肪摄入量低，含大量复合碳水化合物，蔬菜、水果摄入量高，居民心脑血管疾病发生率很低。但是，由于各国的经济发展水平以及可供选择的食物不同，居民遗传背景、膳食习惯不同，适合各国人群的膳食结构也不完全相同。

中国营养学会根据我国居民主要的营养问题和最新营养科学进展，在前版指南的基础上，修订完成了《中国居民膳食指南（2016）》，并于2016年5月13日由国家原卫计委发布，该指南成为指导居民吃饭的重要工具。

《中国居民膳食指南（2016）》提出了6条核心推荐：食物多样，谷类为主；吃动平衡，健康体重；多吃蔬果、奶类、大豆；适量吃鱼、禽、蛋、瘦肉；少盐少油，控糖限酒；杜绝浪费，兴新食尚。

以上核心内容适用于2岁以上的健康人群。为了让居民在生活中实践膳食指南，中国营养学会把每天推荐食物的种类、重量和膳食比例转化为图形——膳食宝塔和餐盘，便于记忆和执行。

膳食宝塔共分5层，各层面积大小不同，体现了5类食物推荐量的不同。宝塔旁边的文字注释是轻体力活动的健康成年人（能量需要在1 600~2 400kcal）平均每天各类食物的摄入量范围（食物可食部分的生重）。若能量需要量增加或减少，食物的摄入量也会有相应的变化。膳食宝塔还强调了身体活动和足量饮水。

第一层是谷薯类食物。谷类是面粉、大米、玉米粉、小麦、高粱及其制品等，薯类包括马铃薯、红薯等。杂豆包括大豆以外的其他干豆类，如红小豆、绿豆、芸豆等。这类食物在我国的膳食中通常称为“主食”，是膳食能量和碳水化合物的主要来源。每人每天应该摄入250~400g（生食物，半斤至八两），其中全谷物和杂豆50~150g，新鲜薯类50~100g。

第二层是蔬菜和水果。蔬菜水果是微量营养素和植物化合物的良好来源，膳食指南鼓励多摄入。推荐成人每人每天蔬菜应吃300~500g，其中深色蔬菜应占1/2以上，水果200~350g。

第三层是鱼、禽、肉、蛋等动物性食物。尽管新鲜的动物性食物是优质蛋白、脂肪和脂溶性维生素的良好来源，但其能量高，食用应适量。推荐每天应该吃120~200g。

第四层是奶类、大豆和坚果类。奶类和大豆是蛋白质和钙的良好来源。坚果蛋白质也很丰富，同时富含必需脂肪酸。每天应吃相当于鲜奶300g的奶类及奶制品和25~35g的大豆及坚果制品。

第五层塔顶是烹调油和食盐，每天烹调油不超过30g，食盐不超过6g。

宝塔还对运动和饮水进行了推荐。成年人每天应主动进行相当于6 000步以上的身体活动。每天至少饮水1 500~1 700ml（7~8杯）。在高温和高体力活动情况下，适当增加饮水量。

在《中国居民膳食指南（2016）》中，平衡膳食餐盘同样是核心内容的体现。餐盘描述了一餐膳食的食物组成和大致重量比例，形象直观地展现了平衡膳食的合理组合与搭配。餐盘分为谷薯类、鱼肉蛋豆类、蔬菜、水果类4部分，蔬菜和谷物所占面积最大，占重量27%~35%，提供蛋白质的动物性食物所占面积最少，约占膳食重量的15%，餐盘旁牛奶杯提示了奶制品的重要性。餐盘上各类食物的比例展示简洁、直观明了。餐盘适用于2岁以上的健康人群。

在日常生活中，运用平衡膳食宝塔和餐盘应当把营养与美味结合起来，按照同类互换、多种多样的原则调配一日三餐，并养成习惯，长期坚持。

二、学龄儿童膳食指南

根据《中国居民膳食指南（2016）》，在一般人群膳食指南的基础上对学龄儿童和青少年的膳食指南提出以下5点补充指导。

1. 认识食物,学习烹饪,提高营养科学素养 学龄儿童时期是学习营养健康知识、养成健康生活方式、提高营养健康素养的关键时期。他们不仅要认识食物、参与食物的选择和烹调,养成健康的饮食行为,更要积极学习营养健康知识,传承我国优秀饮食文化和礼仪,提高营养健康素养。家庭、学校和社会要共同努力,开展儿童青少年的饮食教育。家长要将营养健康知识融入儿童青少年的日常生活,通过言传身教引导和培养孩子选择食物的能力;学校可以开设符合儿童青少年特点的营养与健康教育相关课程,营造校园营养环境。

2. 三餐合理,规律进餐,培养健康饮食行为 学龄儿童的消化系统结构和功能还处于发育阶段。一日三餐的合理和规律安排是培养健康饮食行为的基本。每天营养应均衡,摄入适量的谷薯类、蔬菜、水果、禽畜鱼蛋、豆类坚果,以及充足的奶制品。两餐间隔4~6小时,三餐定时定量。早餐提供的能量应占全天总能量的25%~30%、午餐占30%~40%、晚餐占30%~35%。要每天吃早餐,保证早餐的营养充足。营养充足的早餐至少应该包括谷薯类、鱼禽畜肉蛋类、奶类或豆类及其制品、新鲜蔬菜水果四类食物中的三类及以上。午餐在一天中起到承上启下的作用,要吃饱吃好,在有条件的情况下,提倡吃“营养午餐”。晚餐要适量。三餐不能用糕点、甜食或零食代替。做到清淡饮食,少吃含高盐、高糖和高脂肪的快餐。

3. 合理选择零食,足量饮水,不喝含糖饮料 零食指一日三餐以外吃的所有食物和饮料,不包括水。儿童可选择卫生、营养丰富的食物作为零食,如水果和能生吃的新鲜蔬菜、奶制品、大豆及其制品或坚果等。油炸、高盐或高糖的食品不宜做零食。《中国儿童青少年零食消费指南》从营养与健康的角度,给出了不同年龄学龄儿童的零食消费建议。如吃零食的量以不影响正餐为宜,吃饭前后30分钟内不宜吃零食,不要看电视时吃零食,睡觉前30分钟不吃零食,吃零食后要及时刷牙或漱口等。要保障充足饮水,每天800~1 400ml,首选白开水,不喝或少喝含糖饮料,更不能饮酒。

4. 不偏食节食,不暴饮暴食,保持适宜体重增长 儿童应做到不偏食挑食、不暴饮暴食,正确认识自己的体型,保证适宜的体重增长。偏食挑食和过度节食会影响儿童青少年健康,容易出现营养不良。因此应改掉偏食挑食或过度节食的习惯。营养不良的儿童,要在吃饱的基础上,增加鱼禽蛋肉或豆制品等富含优质蛋白质食物的摄入。暴饮暴食,在短时间内摄入过多的食物,会加重消化系统的负担,增加发生超重肥胖的风险。超重肥胖不仅影响学龄儿童的健康,更容易延续到成年期,增加慢性疾病的危险。超重肥胖会损害儿童的体格和心理健康,要通过合理膳食和积极的身体活动预防超重肥胖。对于已经超重肥胖的儿童,应在保证体重合理增长的基础上,控制总能量摄入,逐步增加运动频率和运动强度。

5. 保证每天至少活动 60 分钟，增加户外活动时间　充足、规律和多样的身体活动可强健骨骼和肌肉、提高心肺功能、降低慢性病的发病风险。要尽可能减少久坐少动和视屏时间，开展多样化的身体活动，保证每天至少活动 60 分钟，其中每周至少 3 次高强度的身体活动、3 次抗阻力运动和骨质增强型运动；增加户外活动时间，有助于维生素 D 体内合成，还可有效减缓近视的发生和发展。

三、中国儿童平衡膳食算盘

中国营养学会专门针对 8~11 岁学龄儿童制定了“中国儿童平衡膳食算盘”，算盘共有 6 层：算盘从下往上依次为谷薯类、蔬菜类、水果类、鱼禽肉蛋水产品类、大豆坚果奶类、油盐类；每一层的算珠数量不同，代表了所需食物的份数。算盘给学龄儿童展示了每日大致食物组成及食物的量。算盘从下往上依次为：

1. 橘色是谷薯类，6 颗算珠表示每日摄入此类物质是 5~6 份，一份谷物生重约 50~60g。做熟后，一份米饭约 110g，一份馒头约 80g。薯类 1 份大概是 80~100g。

2. 绿色是蔬菜类，5 颗算珠表示每日摄入蔬菜 4~5 份，一份蔬菜为生重的可食部 100g，注意深色蔬菜最好不低于每日总体蔬菜摄入量的 1/3。像菠菜和芹菜，大约可以轻松抓起的量就是一份。

3. 蓝色是水果类，4 颗算珠表示每日摄入水果 3~4 份，一份水果约为半个中等大小的苹果或者梨。香蕉、枣等含糖量高的水果，一份重量较低。瓜类水果水分含量高，一份的重量大。

4. 紫色是动物性食物，3 颗算珠表示每日摄入动物性食品 2~3 份。一份肉为 50g，相当于普通成年人的手掌心（不包括手指）的大小及厚度，包括猪肉、鸡肉、鸭肉、鱼肉类。带刺的鱼段（65g）比鱼肉的量多一些，约占整个手掌；虾贝类脂肪较少，一份 85g。肉类首选鱼虾、禽肉，也是要各种肉类换着吃，做汤或炒菜均可。

5. 黄色是大豆坚果奶类，2 颗算珠表示每日摄入大豆、坚果和奶制品 2~3 份。一份大豆相当于一个成年女性的单手能捧起的量，约等同于半小碗豆干丁或 2 杯（约 400ml）豆浆量。牛奶一份约 300ml。每周应摄入 50~70g 的坚果，相当于每天摄入 10g 左右。

6. 红色是油盐，1 颗算珠表示每日摄入油盐要适量。一份油约为家用一瓷勺的量。儿童每日需要 20~25g。盐摄入量每天要少于 6g。

学龄儿童每天至少应摄入 12 种食物，保证营养需求。儿童跨水壶跑步，鼓励喝白开水（大概 1 000~1 300ml，5~6 杯水），每天户外活动 1 小时。

第三节　儿童青少年食品安全与食源性疾病

食源性疾病指通过摄入食物进入人体的各种致病因子引起的、通常具有感染或中毒性质的一类疾病。食物在生产、加工、运输、储存、销售等过程中受到致病性微生物、寄生虫以及有毒有害物质的污染，或者一些动植物性食物本身含有天然毒素或食物过敏原，引起食源性疾病，威胁人体健康。儿童是食源性疾病的高危人群，据报道，每年全球有 2.2 亿名儿童患食源性腹泻，9.6 万名儿童因此而死亡。因此，儿童青少年及其家长应充分认识到食源性疾病的危害，识别食物中的各种致病因子，保障食品安全。

一、选择新鲜卫生的食物，把好食品安全第一关

食物在微生物、外界环境因素以及自身的动植物组织酶的作用下，会发生腐败变质。在腐败变质过程中，食物本身的营养成分分解，如肉蛋奶类食物蛋白质分解，油脂类食物脂肪酸氧化，而粮食、水果中的碳水化合物发酵分解，营养价值降低，产生不良的气味、味道，同时微生物大量生长繁殖，增加食源性疾病的风险。

防止食物腐败变质首先应尽量选择新鲜卫生的食物。新鲜食物指近期生产或加工、存放时间短的食物。如收获不久的粮食、蔬菜和水果；新近宰杀的禽畜肉类，或刚烹调的饭菜等。选择新鲜食物是从源头上保证食品安全的关键。

如何选择新鲜卫生的食物呢？一般可以通过看、触、闻等方法了解食物的外观、色泽、气味等感官指标。如不新鲜的肉类肌肉没有光泽，颜色会变暗变绿，可能有臭味。不新鲜的鱼眼球平坦或凹陷，肌肉松弛、弹性差，腹部膨胀，有异臭味。不新鲜的鸡蛋会出现蛋黄散开的“散黄蛋”，蛋白质分解成硫化氢、粪臭素的“臭蛋”。不新鲜奶类呈浓稠不均匀的溶液，有凝块或絮状物，有异味。不新鲜的豆腐表面发黏，有馊味，质地松散易碎。不新鲜的蔬菜、水果发蔫，蔬菜有腐烂、水果有霉斑、酒味等。

在购买食材和加工食品时，尽量选择正规的、值得信赖的市场和品牌，选购包装食品时注意食品包装的标识，包括品名、产地、配料、生产日期、规格、保质期限、食用方法等信息以及营养标签等信息。

二、合理储存食物，把好食品安全第二关

防止食物的腐败变质还需要合理储存食物。储存食物就是改变的食品温

度、水分、pH 值、渗透压，以及其他抑菌杀菌措施，尽量保持食物的新鲜，防止污染和食品腐败变质，有利于食物较长期储存。储存食物的方法很多，可采用盐腌、烟熏、糖渍或添加防腐剂等化学方法，冷藏和冷冻等低温储存食物，或者加热杀菌、脱水干燥或辐照保藏。盐腌、烟熏、糖渍或添加防腐剂等食物加工方法可能会产生一些有毒有害的化学物质如苯并芘、硝酸盐和亚硝酸盐等，同时经过加工，盐或糖的含量太高，带来健康风险。因此，应少吃烟熏、腌制、酱制的加工食品。尤其是儿童青少年，不要在街头摊点或小卖部购买这些加工的小食品。

一般家庭储存食物的方法主要是冷藏和冷冻。常用冰箱的冷藏是 4~8℃，冷冻温度是 -23~-12℃。动物性食物蛋白质含量高，容易腐败，应特别注意低温储藏，一般冷藏适宜于短期（3~5 天储藏），冷冻可保存较长时间（几周或几个月）。冷藏和冷冻可以减缓细菌的生长速度，但是有部分微生物仍然可以生长繁殖。因此，食物并非放入冰箱就是一劳永逸，冰箱并不是“保险箱”。有些食物并不需要或不适宜冷藏或冷冻。如粮食、干果类食品主要是低温、避光、通风和干燥储藏；热带水果不宜冷藏，否则会冻伤；烘焙类食物如面包在冰箱中存放会变硬，影响口感和风味，也不宜冷藏。

5~60℃是适合微生物生长繁殖的“危险温度”，烹调加工后的熟食应尽快吃掉，如果需要存放 2 小时以上，特别在高温季节，应及时冷藏，再次食用前要彻底加热。

三、食物烧熟煮透，把好食品安全第三关

适当温度烹调可以杀死几乎所有的致病性微生物，如肉蛋奶类食物中的沙门氏菌及其寄生虫，海产品中的副溶血弧菌等，动物性肉类、海产类、蛋类应拒绝生食。烹调食物温度达到 70℃或以上时食用是安全的。对于家庭烹调，应该彻底煮熟食物至滚烫，对于不同食物进行简单的检查。如禽畜肉类，汤汁清而不是淡红色，切开后没有血丝；蛋类应确保蛋黄已经凝固；海产品等至少煮沸后持续 1 分钟。如果有温度计，可以检测食物的中心温度是否达到 70℃。

剩菜、剩饭在食用前应彻底再加热，因为微生物在熟食中更容易生长繁殖和产生毒素。如果发现食物已经变质应弃去，因为在长期储藏过程中，微生物大量繁殖产生的毒素如金黄色葡萄球菌肠毒素，一般不能通过加热消除或灭活。

四、生熟分开贯穿全过程

家庭在烹饪食物时，在清洗、切配和储藏的整个过程中，生熟食物都应分开。生食物指制作食品的原料，如生的鱼、禽、肉、蛋、菜、粮等。生食物，特别

是动物性肉类可能会带有致病性微生物；蔬菜、水果、蛋类表面也可能污染致病性微生物或有毒有害的化学物质。

首先，在清洗、切配过程中生食和熟食或直接入口的食物要分开。处理生食要有专用器具，家里应准备两套菜刀、砧板，洗菜盆等，避免可能的交叉污染。烹饪过程中，应经常洗手，避免蛋壳、生肉对熟食的污染。在冰箱储存食物时，应分格摆放；熟食或直接可食用的凉菜、水果应独立包装后与生食物分开存放；一般熟食在冰箱上层，生食物在下层。

五、学会辨别常见的有毒食物

一些动物性或植物性食物本身含有天然毒素，由于误食这些食物导致的食物中毒事件在我国时有报道。因此，儿童青少年及其家长要学会识别常见的有毒食物。

1. 河豚鱼　毒素具有神经毒性，可导致神经肌肉麻痹和瘫痪。但是河豚鱼肉鲜美，特别在江浙一带有“拼死吃河豚”的说法。河豚鱼中毒没有特效解毒药，应学会识别这种鱼，避免误食。河豚鱼呈梭形，无鳞，有美丽的斑纹或呈黑黄色，肚腹黄白色，背腹有小白刺。

2. 有毒的贝类　贝类味道鲜美，是深受人们喜爱的海产品。但是如果食用了含有毒素的贝类容易发生中毒。贝类中毒主要是贝类生长的水域有毒藻类大量繁殖，产生的毒素被贝类富集。人食用贝类后发生中毒。因此在海藻大量繁殖或出现“赤潮”时，应禁止采集、出售和食用贝类。

3. 毒蘑菇　指食用后导致中毒的蘑菇。我国的蘑菇可食用的近 300 种，有毒的约 100 种，可致人死亡的约 10 种。毒蘑菇中毒事件每年在全国各地均有发生，夏秋季节高发。为了预防毒蘑菇中毒，不要轻易采摘和食用不认识的蘑菇。如果误食，应尽快催吐、洗胃、导泻，并及时求医就诊。

4. 未成熟或发芽的马铃薯　马铃薯又称土豆或洋芋，是人们餐桌上常见的一种薯类。马铃薯中含有龙葵素，一种可引起溶血、并对运动和呼吸中枢有麻痹作用的毒性成分。成熟的马铃薯中龙葵素含量很低，但是未成熟或发芽的马铃薯的龙葵素含量显著增加，可能会导致中毒。因此应尽量避免食用未成熟以及发芽的马铃薯。少量发芽马铃薯如果食用可深挖发芽部分，浸泡 30 分钟以上，让龙葵素溶于水，弃水后再加水煮透，弃汤后可食用。因龙葵素遇醋酸分解，所以烧煮时可加少量醋以促使毒素分解。

5. 未熟的四季豆　生的四季豆含有皂素和血细胞凝集素，刺激消化道，并对红细胞有溶解或凝集作用，导致中毒。所以烹调时，应把四季豆充分加热，彻底煮熟，由生绿色变成深绿色后才可食用。

6. 鲜黄花菜　含有秋水仙碱，可引起食物中毒。如食用鲜黄花菜，应用水浸泡或开水浸烫后弃水，秋水仙碱可溶于水，炒熟后即可食用。

7. 含氰苷类植物　木薯的块根、苦杏仁、苦桃仁等食物中含有氰苷类化合物，水解后可产生氢氰酸，易导致中毒。因此，应对儿童青少年加强教育，不生吃各种苦味果仁或木薯。如需食用，必须用清水充分浸泡，然后敞锅蒸熟，促进氢氰酸挥发。

六、识别过敏原，预防食物过敏

食物过敏指食物引起的机体免疫系统的异常反应，通常表现为急性鼻炎、咳嗽和喘鸣、呼吸困难等呼吸道症状，荨麻疹、水肿、瘙痒、皮疹、面部潮红等皮肤症状以及呕吐、腹痛和腹泻等消化道症状。

食物中使机体产生过敏反应的抗原分子称为食物过敏原，几乎都是蛋白质，大多数为水溶性糖蛋白。现认定的食物过敏原有 100 多种，我国《预包装食品标签通则》(GB 7718—2011)列出了常见的 8 种过敏原：含有麸质的谷物及其制品(如小麦、黑麦、大麦等)；甲壳类动物及其制品(如虾、蟹等)；鱼类及其制品；蛋类及其制品；花生及其制品；豆类及其制品(如大豆、豌豆、蚕豆等)；乳及乳制品；坚果及其果仁类制品。

儿童由于免疫系统和消化系统发育不完善，是食物过敏的高危人群，有报道其食物过敏发生率约 8%。常见的导致儿童食物过敏的食物为鸡蛋、牛奶、海鲜、鱼等。其中鸡蛋最常见，其次是牛奶。预防食物过敏的最好方法就是识别过敏原，避免食用含有过敏原的食物。我国鼓励食品生产企业在预包装食品上对过敏原进行标识，如配料表中标示牛奶、鸡蛋、大豆等；在配料表附近，标示“含有……”“可能含有……”“此生产线也加工含有……的食品”等过敏原信息，有食物过敏史的敏感人群应关注相关信息。

第四节　儿童青少年食品安全与膳食营养健康管理

为保障我国儿童青少年的营养和食品安全，我国出台了一系列的相关指南和规定。如前述的 2016 年中国营养学会发布的《学龄儿童膳食指南》、中国儿童平衡膳食算盘以及《儿童青少年零食消费指南》等。下面就近年来针对我国中小学生营养和食品安全管理发布的《学生餐营养指南》和《学校食品安全与营养健康管理规定(第 45 号令)》作一简单介绍。

一、学生餐营养指南

针对我国中小学主要的营养问题，2017 年 8 月 1 日，原国家卫计委发布

《学生餐营养指南》(WS/T 554—2017),自 2018 年 2 月 1 日起施行。标准规定了 6~17 岁中小学生全天即一日三餐能量和营养素供给量、食物的种类和数量以及配餐原则等,适用于为中小学生供餐的学校食堂或供餐单位。

(一)学生餐营养标准

《学生餐营养指南》(WS/T 554—2017)首先列出了不同年龄段 6~8 岁(小学低年级)、9~11 岁(小学高年级)、12~14 岁(初中)、15~17 岁(高中)学生的能量和营养素的供给量,全天的食物种类及数量(表 3-4)以及早餐、中晚餐的食物种类及数量,三餐的供能比例(早餐、午餐、晚餐提供的能量分别占全天总量的 25%~30%、35%~40%、30%~35%)等营养标准。

表 3-4　每人每天的食物种类和数量

单位:g

食物种类		6~8 岁	9~11 岁	12~14 岁	15~17 岁
谷薯类	谷薯类	250~300	300~350	350~400	350~400
蔬菜水果类	蔬菜类	300~350	350~400	400~450	450~500
	水果类	150~200	200~250	250~300	300~350
鱼禽肉蛋类	畜禽肉类	30~40	40~50	50~60	60~70
	鱼虾类	30~40	40~50	50~60	50~60
	蛋类	50	50	75	75
奶、大豆及坚果	奶及奶制品	200	200	250	250
	大豆类及其制品和坚果	30	35	40	50
植物油		25	25	30	30
盐		5	5	5	6

注 1. 均为可食部分生重。
2. 谷薯类包括各种米、面、杂粮、杂豆及薯类等。
3. 大豆包括黄豆、青豆和黑豆,大豆制品以干黄豆计。

(二)配餐原则及要求

1. 品种多样,同类互换　尽量做到食物多样化;例如主食包括米、面、杂粮和薯类,可用杂粮和薯类替代一部分米面,避免长期食用一种主食;每天至少提供 3 种以上的新鲜蔬菜,一半为深绿色、红色、橙色、紫色等深色蔬菜,适量菌藻类,有条件至少提供一种水果;禽肉与畜肉互换,鱼与虾、蟹等互换,各种蛋类互换。优先选择水产类或禽类;畜肉以瘦肉为主,少提供肥肉。每周提供 1 次动物肝脏,每人每次 20~25g。蛋类可分一日三餐提供,也可集中于某一餐提供；平均每人每天提供200~300g（一袋/盒）牛奶或相当量的奶制品，如酸奶。每天提供各种大豆或大豆制品，如黄豆、豆腐、豆腐干、腐竹、豆腐脑等。奶及奶制品可分一日三餐提供，也可集中于某一餐提供。

2. 预防钙、铁和维生素A缺乏　经常提供奶及奶制品、豆类、虾皮、海带、芝麻酱等富含钙的食物；动物肝脏、瘦肉、动物血、木耳等富含铁的食物；同时搭配富含维生素C的食物，如深绿色的新鲜蔬菜和水果有助于铁的吸收；动物肝脏、海产品、蛋类、深色蔬菜和水果等富含维生素A的食物。如果日常食物提供的营养素不能满足学生生长发育的需求，可鼓励食用微量营养素强化食物，如强化面粉或大米、强化酱油或强化植物油等。

3. 控油限盐　每人每天烹调油用量不超过30g；控制食盐摄入，包括酱油和其他食物的食盐在内，提供的食盐不超过每人每天6g。

4. 三餐时间合理安排　早餐以安排在6:30至8:30、午餐11:30至13:30、晚餐17:30至19:30之间进行为宜。

5. 因地制宜　根据当地的食物品种、季节特点和饮食习惯等具体情况，结合中小学生营养健康状况和身体活动水平配餐。以周为单位，平均每日供应量达到标准的要求。向学生和家长公布每天的带量食谱（表3-5）。

表3-5　中小学生一日三餐带量食谱举例

单位：g

餐次	菜名	配料	6~8岁	9~11岁	12~14岁	15~17岁
早餐	馒头	面粉	90	100	110	130
	牛奶	牛奶	200	200	250	250
	煮鸡蛋	鸡蛋	50	50	75	75
	炒白菜	白菜	100	110	130	140
	食用油	花生油	5	5	5	5
午餐	米饭	大米	110	130	140	160
	鱼香肉丝	瘦猪肉	40	50	60	65
		柿子椒	50	60	65	70
		胡萝卜	50	60	65	70
	醋溜豆芽	绿豆芽	70	70	80	80
	食用油	花生油	10	10	10	10
晚餐	花卷	面粉	100	120	130	150
	莴苣炒木耳	莴苣	60	70	80	90
		木耳	15	15	20	20

续表

餐次	菜名	配料	6~8岁	9~11岁	12~14岁	15~17岁
晚餐	红烧鲢鱼	鲢鱼	40	50	60	60
		豆腐	30	35	40	50
	二米粥	大米	10	10	12	12
		小米	10	10	12	12
	食用油	花生油	10	10	10	15

（三）合理烹调

蔬菜应先洗后切。烹调以蒸、炖、烩、炒为主；尽量减少煎、炸等可能产生有毒有害物质的烹调方式。烹调好的食品不应存放过久。不制售冷荤凉菜。

（四）学生餐管理

学生餐相关从业人员应接受合理配餐和食品安全培训。在供餐学校及单位中开展形式多样的营养与健康知识宣传教育；并积极创造条件配备专职或兼职营养专业人员。

二、学校食品安全与营养健康管理规定

2019年2月20日中华人民共和国教育部、中华人民共和国国家市场监督管理总局、中华人民共和国国家卫生健康委员会发布《学校食品安全与营养健康管理规定（第45号令）》（后简写为新《规定》），4月1日起施行。3月16日，国务院食品安全办在京召开全国校园食品安全工作电视电话会议，分析当前校园食品安全形势，就贯彻落实党中央、国务院要求和《政府工作报告》的工作任务，进一步明确责任、强化措施、排查风险，加强校园食品安全管理进行部署。

新《规定》主要是在2002年9月20日教育部、原卫生部发布的《学校食堂与学生集体用餐卫生管理规定》的基础上加强了营养健康方面的管理，修订而成。新《规定》共8章64条，包括总则、管理体制、学校职责、食堂管理、外购食品管理、食品安全事故调查与应急处置、责任追究、附则等。本文仅对新《规定》中的亮点进行介绍。

1. 重视日常监管，建立陪餐制度　中小学、幼儿园应当建立集中用餐陪餐制度，每餐均应有学校相关负责人与学生共同用餐，做好陪餐记录，及时发现和解决集中用餐过程中存在的问题。有条件的中小学、幼儿园应当建立家长陪餐制度，健全相应工作机制，对陪餐家长在学校食品安全与营养健康等方面提出的意见建议及时进行研究反馈。

2. 注重食品安全，作出食品采购、贮存、加工制作的特殊规定 根据新《规定》，学校食堂不得采购、贮存、使用亚硝酸盐（包括亚硝酸钠、亚硝酸钾）。中小学、幼儿园食堂不得制售冷荤类食品、生食类食品、裱花蛋糕，不得加工制作四季豆、鲜黄花菜、野生蘑菇、发芽土豆等高风险食品。省、自治区、直辖市食品安全监督管理部门可以结合实际制定本地区中小学、幼儿园集中用餐不得制售的高风险食品目录。

3. 明确外购食品的具体要求 新《规定》扩展了监管范围，对于从供餐单位定餐的学校，明确要求其建立健全校外供餐管理制度，选择取得食品经营许可、能承担食品安全责任、社会信誉良好的供餐单位，并与供餐单位签订供餐合同（或者协议），明确双方食品安全与营养健康的权利和义务，存档备查。同时，对供餐单位提供的食品还应当随机进行外观查验和必要检验，并在供餐合同（或者协议）中明确约定不合格食品的处理方式。

4. 加强学生营养健康知识的宣传教育以及合理膳食指导 新《规定》强化了学校在学生营养健康方面的责任，要求学校将食品安全与营养健康相关知识纳入健康教育教学内容，通过多种形式开展经常性宣传教育活动，并根据有关标准，因地制宜引导学生科学用餐。明确中小学、幼儿园应当培养学生健康的饮食习惯，加强对学生营养不良与超重、肥胖的监测、评价和干预，利用家长学校等方式对学生家长进行食品安全与营养健康相关知识的宣传教育。有条件的中小学、幼儿园应当每周公布学生餐带量食谱和营养素供给量。

鼓励有条件的地区成立学生营养健康专业指导机构，根据不同年龄阶段学生的膳食营养指南和健康教育的相关规定，指导学校开展学生营养健康相关活动，引导合理搭配饮食；为中小学、幼儿园配备营养专业人员或者支持学校聘请营养专业人员，对膳食营养均衡等进行咨询指导，推广科学配餐、膳食营养等理念。

5. 加强对校园周边食品售卖环境的管理 中小学、幼儿园一般不得在校内设置小卖部、超市等食品经营场所，确有需要设置的，应当依法获得许可，并避免售卖高盐、高糖及高脂食品。

（杨雪锋）

第四章 儿童青少年生命安全与饮水卫生健康管理

水是地球上最常见的物质之一，地球表面70%以上都是水。水是由无数个水分子组成，水分子的化学结构式为H_2O，即由2个氢原子（H）和1个氧（O）原子组成（图4-1）。水一般以3种形式存在：气体（如水蒸气）、液体（如河水）和固体（如冰），它们之间可以互相转换。常温下，水是一种无色无味的透明液体。

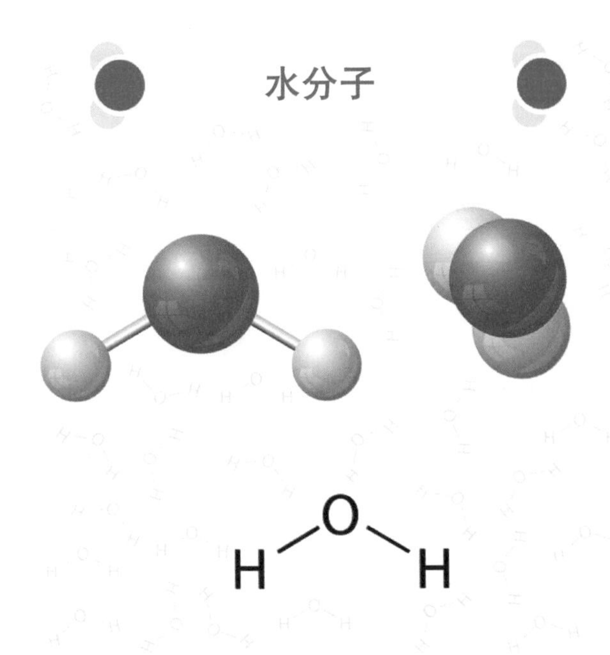

图4-1 水分子化学结构

地球上的水数量巨大，那是否可以认为"水是取之不尽，用之不竭"的呢？回答是否定的。事实上地球上能直接被人们生产和生活利用的水少得可怜。例如，海水又咸又苦，不能浇灌农田，不能用于工业生产，更不能直接饮用。又例如，地球上70%以上的淡水资源被冻结在南极、北极、高山冰川中，难以被人们所利用。只有江河湖泊水和地下水等淡水资源才能真正被人类利用，而它们占地球总水量的比例不足0.5%，其中，能够作为水源供人们生活和饮用的则更少。

水是构成人体的重要组成部分，是七大营养素之一，对人体健康起着重要的作用。儿童青少年处于生长发育期，对水质的要求高于成人。安全的饮用水是儿童成长的重要保障。

第一节　饮水卫生 - 生命安全的基本保障

大家都知道，鱼儿离不开水，花草需要经常浇水，人每天也需要喝水解渴。总之，无论是植物还是动物，凡是有生命的物质，都离不开水。这是为什么呢？

一、水是生命之源

没有水就没有生命。在大约2 500年以前，希腊哲学家泰勒斯（Thales）就提出，宇宙万物都是由水这种基本元素构成的。一般来说，植物，如树、花草、蔬菜等，一大半（占60%~80%）是由水构成的。只有足够的雨露滋润，禾苗才会长得壮，植物如果长期缺水就会枯死。同样，缺水对动物的危害也是一样。

人对水的需求仅次于对氧气的需求，小宝宝出生前，在妈妈体内就是生活在水环境中的。出生后，人仍然离不开水。科学研究显示，如果人不吃食物，依靠其体内贮存的营养物质或消耗身体组织，可以活上20余天。如果人完全不喝水，连一周时间也很难挨过。当人体失去水分在2%~6%时，就会出现口渴、发热等症状；当失水达到10%~20%时，人会因脱水而出现晕厥；如果失水超过20%，人就可能有生命危险了。

二、水是不可或缺的营养物质

我国居民膳食指南将水列为人体必需的七大营养素之一，水在人体的主要功能包括：

1. 水是人体重要的组成成分　水是人体中含量最多的一种物质。一般成人体内的水分含量约占身体总重量的三分之二，儿童体内的含水量相对较高，在胎儿期，水约占体重的90%，出生后约占80%，因此一旦失水达到一定比例，就会对人体健康产生危害。

2. 水是良好的溶剂　由于水溶解性好、流动性强，且存在于各组织器官，因此水就像“车辆”一样，成了人体内营养物质和废物的“运输工具”，将一些重要的物质（如氧气、维生素、葡萄糖、氨基酸、酶、激素等）溶于水运送到身体各处，同时将身体各处产生的废物和垃圾溶在水里送到人体的相应器官进行处理，最后通过大便、小便、出汗等将代谢废物排出体外。另外，水本身也是一种营养物质，直接参与内物质的氧化、还原、合成、分解等化学反应。没有水，人体的各项生命活动（如血液循环、呼吸、消化、吸收、分泌、排泄等）就无法进行。

3. 水是温度调节剂　炎炎夏日，如果在室内洒一点凉水，会感觉到一丝凉爽，这是因为水具有散热的功能。人也一样，人的体温调节离不开水。一方面，当天气炎热时，人体主要通过水的蒸发及出汗帮助散热。人体散热的主要途径是排汗，其次是呼出的水蒸气，这两项一天排水量约为 1 000g，可散热 539cal，占人体总热量消耗的 25%。另外大小便也可以带走一部分热量，起着一定的散热作用。这些散热方式均需要水的参与。另一方面，当外界温度过低时，人体将代谢产生热量，通过水强大的储备热量能力，维持体温的恒定，使人体不致因外界寒冷降低体温。因此，当人体缺水时，这种平衡就会被打破，多余的热量难以及时散出，出现发热或中暑，或者水的保温作用降低，出现体温过低，危及生命。

4. 水是润滑剂　水是体内自备的润滑剂，它不仅是器官、关节及肌肉的润滑剂，水还以眼泪、黏液、关节囊和浆膜腔液等形式存在，发挥润滑作用。没有水的润滑和滋润，人的眼睛、口腔、关节、肌肉等就可能会“受伤”或出问题。另外，水对人体组织和器官起一定缓冲作用，特别是可减轻关节摩擦，有利于活动。同时水还有滋润功能，使身体细胞经常处于湿润状态，保持肌肤丰满柔软。因此水也是一种良好的“美容剂”，人们应该定时定量补水，这样皮肤就会显得水润、饱满和富有弹性。

5. 水是稀释剂　不爱喝水的人往往容易长痘痘，生病吃药后医生经常嘱咐要多喝水，这是为什么呢？因为人体“排毒”必须有水的参与。水不仅是良好的溶剂，它也是良好的稀释剂。没有足够的水进行稀释，废物和有毒有害物质就难以有效排出，淤积在体内，容易引发一系列不良反应，如“生痘痘”。同样，服药时应喝足够的水，以利于消除药品带来的不良反应。

三、饮用水是人体水分的重要来源

现在知道了水对人的生命是如此的重要，那么，人体所需水分从哪里来呢？

一是来自饮水。直接饮水是满足人体水需要的主要途径。人体每天消耗的水分中，约有一半直接通过喝水来补充。

二是来自食物。人们吃进去的食物也可以提供一部分水分，这部分水的来源依据所吃的食物不同而有所不同。一般来说，蔬菜含水量在 70%~90%，蛋类约 75%，肉类 40%~70%，谷类 8%~10%。另外，人们所喝的汤含有大量的水分。

三是来自物质代谢产生的内生水。体内的营养物质，例如碳水化合物、蛋白质、脂肪，在人体内氧化后会产生少量的水。

在这三种途径中，食物和饮水是主要来源，但尽管食物可以提供一部分水分，由于人们每天所吃的食物的量有限，限制了人从食物中获取足够水分的能力，所以，饮水仍然是获取水分的主要途径。

第二节 饮用水的种类和基本卫生知识

随着制水工艺的不断完善以及人们需求的增加等因素，目前，供人们日常饮用的水种类和品种越来越丰富，那么饮用水这个大家族都有哪些成员呢？如何选择才是健康的呢？

一、认识饮用水的家族成员

目前对饮用水的分类尚无明确的标准，按照水的来源饮用水分为两类，一是天然水，例如干净的河流、湖泊、大气水、海水、地下水、井水等；二是加工处理过的水，例如自来水、瓶装水、桶装水、管道直饮水等。按水自身的硬度，分为硬水和软水。按照饮用水的加工处理方式，分为干净的天然水、自来水、纯净水、矿泉水、矿物质水等。下面分别进行介绍。

1. 天然水　指未经处理过的、存在于自然界中的水，包括存在于江河、海洋、冰川、湖泊、沼泽等中的地表水，和存于地面以下土壤、岩石等空隙中的地下水。天然水的 pH 值一般在 7.0~8.0 之间，呈弱碱性。早期人类直接饮用这些天然水，后来人们通过掘井取水饮用，开启了人类的第一次饮用水革命，饮水质量得到明显改善。但天然水中常常含有很多对人体健康有害的杂质，给人类的健康带来威胁，通过处理才可饮用。人们对天然水常见的处理方式包括煮沸和净化。

2. 自来水　按照国家生活饮用水相关卫生标准，天然水（江、河水，地下水）在水处理厂（水厂）经过一系列的处理（沉淀、消毒、过滤等），最后通过供水管网（水管）输送到各个家庭。现在家里水龙头放出来的水即为自来水。与直接饮用江河湖泊里的天然水或地下井水相比，自来水更洁净和更安全。同时由于自来水通到家家户户，人们取用也更方便，在家拧开水龙头即可使用。自来水的出现也是人类饮水史上的第二次革命，我国采用自来水供水至今已有一百多年的历史，至今，自来水仍然是居民日常常见的饮用水供水方式（图 4-2）。

图 4-2　自来水示意图

3. 纯净水　纯净水一般以自来水为水源，经过多层的过滤，进一步除掉了水中杂质、矿物质和微量元素（钾、钙、镁、铁、锌等）、致病菌等，可以避免水中不良物质对健康的影响，应该说安全系数更高。纯净水中对人体有益的微量元素和矿物质被过滤掉了，长期饮用有害健康。对于处于长身体阶段的儿童青少年，应尽量少喝这种水。

4. 矿泉水　指从地下深处自然涌出或人工开采所得到的未受污染的天然地下水，经过一定的处理，以瓶装水或桶装水形式供应。矿泉水的特征是含有一定的矿物质和微量元素，可以被人体吸收。由于矿泉水的水源来自污染相对比较少的山川岩层，整体而言，矿泉水是目前较为理想的饮用水源，在城市家庭较大范围内得到普及。

5. 矿物质水　通过在纯净水中人工添加矿物质来改善水中矿物质含量。这样的水虽然增加了纯净水中部分矿物元素的含量，但是添加的矿物质被人体吸收、利用的情况以及对人体健康的作用还需要进一步研究。

6. 软水与硬水　水是液体，也有软和硬的差别吗？答案是肯定的。水的硬度代表的是溶解在水中的盐类物质的含量，通常是指水中钙盐与镁盐的含量。水中盐类物质含量越高，则硬度越高。水的硬度单位是 ppm，1ppm 代表水中碳酸钙含量为 1mg/L。低于 142ppm 的水称为软水，高于 285ppm 的水称为硬水，介于 142~285ppm 之间的称为中度硬水。下雨、下雪的水都是软水，江水、河水、湖水一般属于中度硬水，泉水、深井水、海水一般都是硬水。通常，软水或中度硬水是比较好的饮用水源。硬水进到肠道里面能被分解的盐类，会被人体吸收，如果盐类不能溶解和分解的话，会随粪便排出去，一般不会对身体有特别的影响。但是，如果硬水产生的水垢长期不被处理，就会吸附一些有害物质，对健康产生一定的危害。另外，如果一个人有结石症，而且又是钙结石的话，喝硬水多了，就会加重病情。

二、一些不得不知道的饮水卫生知识

饮水不足或丢失水过多，均可引起体内失水，而饮水量过多，超过肾脏排出能力时，可引起体内水过多或引起水中毒。因此要学会健康饮水。那如何饮水才是健康的呢？

1. 每天饮水量多少才合适　按照量出为入的原则，人体一天所排出的尿量约有 1 500ml，再加上从粪便、呼吸和皮肤等途径丢失的水，总共消耗水分大约 2 500ml，扣除通过食物摄入和体内代谢产生，一个健康成人每天需要通过直接饮用补充水分在 1 200~1 500ml（6~8 杯），才能保证体内液体的正常循环和健康。儿童每天水的需求量不同于成人，下面列举了 10 岁以下儿童每日水的摄入参考量。

6 个月 ~1 岁：每天水总摄入量为 900ml（奶 / 食物 + 饮水），其中饮奶量为 500~700ml；

1~2 岁：水总摄入量 1 300ml（奶 / 食物 + 饮水），其中饮奶量 400~600ml；

2~3 岁：饮水量 600~700ml；

4~5 岁：饮水量 700~800ml；

5~7 岁：饮水量 800ml；

7~10 岁：饮水量 1 000ml。

以上提供的摄入量为“及格线”，也就是最低标准，在此基础上还要根据具体情况进行调整。

2. 哪些情况下应增加饮水量　儿童每日的饮水量因年龄而不同。以下几种情况应适当增加饮水量：①感冒发热的时候要多喝水，因为体温每升高 1℃，新陈代谢就加快大约 7%，此时也应适当增加饮水量，以补充因体温上升而流失的水分。②剧烈运动时，如踢足球、跑步等，由于体内水的丢失加快，如果不及时补充就可以引起水不足，运动后，应根据需要及时补充足量的水分。③在高温环境下劳动或运动者，通常大汗淋漓，每日的饮水量从 2L 乃至更多，要注意水和矿物质的同时补充。

3. 喝水仅为解渴吗　喝水是人体补充水分的重要方式，同时干净、安全、健康的饮用水也是最廉价最有效的保健品。一切细胞的新陈代谢都离不开水，只有让细胞“喝”足水，才能促进新陈代谢，提高自身的抵抗力和免疫力。另外，饮用水在体内能将蛋白质、脂肪、碳水化合物、矿物质、无机盐等营养物质稀释，这样才能便于人体吸收。而且，水里还含有一些对人体有益的微量元素和矿物质。因此，喝水不仅仅是为了解渴，水是人体必需的营养物质。

4. 什么时候需要喝水　一次性大量饮水会加重胃肠负担，既降低了胃酸的杀菌作用，又会妨碍食物的消化。喝水应该少量多次。建议每隔一个小时喝一杯水（约200ml），最好安排在早上起床后和三餐饭之间。下面列举了儿童一天喝水时间安排：

6:30，经过一夜的睡眠，身体会开始缺水，起床后可以先喝一大杯水，帮助肾脏及肝脏解毒，还能促进排便。

8:30，这个时候儿童刚好到了学校，可以喝杯水缓解一下，也可防止出现脱水现象。

11:00，经过一上午的学习，儿童可以在这个时候起身活动下，顺便喝杯水，补充流失的水分，缓解紧张的学习氛围。

12:50，吃完午饭的半小时后，可以喝一杯水，加强身体的消化功能。

15:00，下午3点属于困乏期，可以喝一杯水提神醒脑，恢复清醒。

17:30，放学离开学校前可以喝一杯水，补充水分，同时也可以缓解饥饿感。

19:00，这个时间段正是代谢的高峰期，可以喝杯水，促进身体排毒。

20:15，在睡觉前适当喝点水，但勿多喝以免影响晚上睡眠。

5. 口渴了才喝水吗　口渴是体内轻微失水的表现，一旦感到口渴，说明身体已经缺水了。儿童青少年应该养成“主动”喝水的习惯，且应该少量多次，既不要在一小时内连续喝太多水，也不要等到口渴才喝水。此外，人们还可以根据自己尿液的颜色来判断是否需要喝水。一般来说，人的尿液为淡黄色，如果颜色太浅，则可能是水喝得过多，如果颜色偏深，则表示需要多补充一些水了。

6. 早上起床后为什么要饮水　早晨起床后最好空腹喝一杯水。经过一个晚上的睡眠，身体因隐性出汗和尿液分泌会损失很多水分（约450ml），此时体内会因缺水而出现血液黏度增高。因此早上起床后空腹喝一杯水，可降低血液黏度，有利于血液循环，促进大脑清醒，使思维更加清晰敏捷。

7. 睡前需要喝水吗　为了补充因晚上睡眠时水分的大量丢失，睡前可以喝水，但量不要太大，一般不超过1杯（约200ml）为宜。如果睡前喝太多的水，半夜也会老跑厕所，影响睡眠，少数人可能会因睡前饮水太多而早上起床后出现眼皮水肿的情况。

8. 大口喝水好吗　很多人往往在口渴时才想起喝水，而且往往是大口吞咽，这种做法是不对的。喝水太快太急会无形中把很多空气一起吞咽下去，容易引起打嗝或是腹胀，因此最好先将水含在口中，再缓缓喝下，尤其是肠胃虚弱的人，喝水更应该一口一口慢慢喝。

9. 饮用水放置多长时间为宜　饮用水放置时间不能过长，烧开的水最好当天喝，不要隔夜。秋冬季节开的桶装饮用水要在 2~4 周内喝完，春夏季节最好在 7~10 天内喝完。瓶装水打开后最好当天喝完，不要过夜。饮用水放置时间过长容易滋生细菌，对健康有害。

10. 儿童如何选择合适的水饮用　从健康、安全、经济的角度，饮用烧开后的自来水（即白开水）是首选，而且自来水中含有十几种人体所需的矿物质。纯净水一般不含任何矿物质，也没有细菌和杂质，但对于人体来讲，饮用纯净水并非必要。优质的矿泉水作为一种稀缺的资源，运输开发的成本都比较高，所以很多家庭只是把矿泉水作为泡茶饮用招待客人，煮饭煲汤还是离不开自来水。事实上，无论是纯净水，还是矿泉水，只要是以桶装的形式进入家庭，都普遍存在着二次污染问题。因此，装水的桶在循环使用过程中一定要消毒，确保安全，另外饮水机也需要定期清洁消毒，以免细菌滋生。

11. 自来水为什么最好烧开后饮用　世界上有些地区由于自来水采用了较高的质量管理标准而可以直接饮用，在我国一般是将自来水经过煮沸后饮用，即白开水。白开水是最符合人体需要的饮用水，具有很多优点：①自来水煮沸后，既洁净、无细菌，又能使过高硬度的水质得到改善，还能保持原水中某些矿物质不受损失；②制取简单，经济实惠，用之方便；③自来水一般用含氯的消毒剂进行消毒，通过加热，溶于自来水中的氯气挥发，氯气的含量可以降低 50%，生物活性比生水要高出 4~5 倍，易于渗透细胞膜而被人体吸收。一般建议喝 30℃以下的温开水最好，这样不会过于刺激肠胃道的蠕动，不易造成血管收缩。总之，白开水是满足人体健康最经济实用的首选饮用水。

12. 开水沸腾时间越久越好吗　许多人都认为，烧开水一定是越久越好，这样才能充分保证饮用之后不威胁我们的健康。事实上，这种做法是错误的，烧开水并非沸腾时间越久越好，也不能反复重复加温。为什么呢？加氯消毒后的自来水中含有氯化物等有害物质，研究显示，水烧开后再沸腾 3 分钟后，这些物质的含量大大下降，但煮沸时间过长，水中其他不挥发性的有害物质会增长，同样对人体有害。因此，烧开水以煮沸 3~5 分钟为最佳，这段时间能很充分地将细菌和细菌芽孢彻底消灭。需要注意的是，在水烧开后要把壶盖打开煮 3 分钟左右，让水中的酸性及有害物质随蒸气蒸发掉。另外，不要将烧开的水重复加热，这样不仅会失去一些矿物质，而且还有可能产生某些有害物质，如亚硝酸盐等，对人体产生危害。

13. 为什么不宜饮用生水　生水指未经消毒过滤处理过的水，例如河水、溪水、井水、水库水等，这些水体中都不同程度地含有各种各样对人体有害的微生物及人畜共患的寄生虫。直接饮用可能会引发急性胃肠炎、伤寒、痢疾及寄生虫感染等疾病。

14. 长期饮用纯净水对儿童健康不利　很多人认为，纯净水、蒸馏水等经过处理更安全，更健康。由于人体体液是微碱性的，而纯净水呈弱酸性，如果长期摄入微酸性的水，体内环境将遭到破坏。另外，纯净水在净化的同时把一些人体必需的微量元素、矿物质元素也给净化掉了，而且，纯净水还会带走人体内有用的微量元素，从而降低人体的免疫力，导致人体容易发生疾病。特别是处于生长发育期的儿童，对水质要求高于成人。长期饮用超自然界水（如：纯净水、蒸馏水等），会导致人体某些矿物质或微量元素摄入不足，对儿童身体造成不良影响，对正处于生长发育期的儿童影响更大。因此，饮用水并不是越纯净越好。

15. 饮水中矿物质含量越多越好吗　许多人把矿泉水作为日常生活的饮用水。与白开水相比，矿泉水的特征是含有一定的矿物质和微量元素，它一般来自未受污染的天然地下水。这类水一般硬度较高，烧水时水垢较多，如果不及时处理水垢，会导致细菌污染。如果因一些原因（如土壤污染等）导致水中某种矿物质含量超标时，饮用后可能会危害人体健康。例如，当饮用水中的碘化物含量在 0.02~0.05mg/L 时，对人体有益，大于 0.05mg/L 时则会引发碘中毒。因此，饮水中的矿物质并不是越多越好，也不能随意添加。

16. 饮料可以代替喝水吗　与白开水相比，饮料口感更好，深受孩子们的喜爱。但实际上，白开水和饮料在功能上是不能等同的，饮料不能代替喝水。饮料中含有大量的糖分，而且常常添加了人工合成甜味剂、人工合成色素及香精等。含糖的饮料会减慢肠胃道吸收水分的速度，而且其中的添加物不易被人体所吸收，饮用后会使人饥饿感降低，大量饮用会引起儿童食欲下降和消化不良，干扰体内多种酶的功能，对新陈代谢和体格发育造成不良影响。因此橙汁、可乐等含糖饮料口感虽好，但不宜多喝，尤其是儿童青少年，每天摄入量应控制在一杯左右，最多不要超过 200ml，特别是患有糖尿病和比较肥胖的人，最好不要喝饮料，白开水是儿童青少年最安全、最健康、最经济的“饮料”。

17. 过食冷饮对儿童健康有害　大量饮用汽水、吃冰激凌等对儿童的健康非常不利。夏天人体胃酸分泌减少，消化系统免疫功能随之下降，此时的气候条件又恰恰适合细菌的生长。因此，夏季是消化道疾病多发季节。过食冷饮会引起儿童胃肠道内温度骤然下降，导致局部血液循环减缓等症状，影响对食物中营养物质的吸收和消化，甚至可能导致儿童消化功能紊乱、营养缺乏和经常性腹痛。另外，不少冷饮产品不符合卫生标准，过食冷饮会增加儿童患消化系统疾病的机会。

18. 易拉罐饮料对儿童有危害　易拉罐装饮料比瓶装饮料铝元素的含量

高出3~6倍。若常饮易拉罐饮料，必然造成铝元素摄入量过多。体内铝元素过多会导致儿童智力下降、行为异常，不利于儿童骨骼及牙齿发育。

19. 彩色汽水不利于儿童的身体健康 彩色汽水（包括一些彩色冰棍儿等）的主要成分是人工合成甜味剂、人工合成香精、人工合成色素、碳酸水，经加充二氧化碳气体制成，除含一定的热量外，几乎没有什么营养。而过量色素和香精进入儿童体内后，容易沉着在他们未发育成熟的消化道黏膜上，引起食欲下降和消化不良，干扰体内多种酶的功能，对新陈代谢和体格发育造成不良影响。

20. 儿童适合喝可乐、咖啡吗 可乐和咖啡里含有一种叫咖啡因的物质。咖啡因是一种兴奋剂，会刺激心脏肌肉收缩，加速心跳及呼吸。儿童如果饮用了过多含有咖啡因的饮料，会出现头疼、头晕、烦躁、心率加快、呼吸急促等症状，严重的还会导致肌肉震颤，写字时手发抖。

咖啡因有刺激性，能刺激胃部蠕动和胃酸分泌，引起肠痉挛，常饮咖啡容易导致儿童发生不明原因的腹痛，还会导致慢性胃炎。

咖啡因还会破坏儿童体内的维生素 B_1，引起维生素 B_1 缺乏症（厌食、嗜睡、多发性周围神经炎、突发性心力衰竭等）。

21. 儿童可以喝茶吗 茶里含有茶碱等物质，很容易令人的中枢神经系统产生兴奋，而婴幼儿的身体正处于发育阶段，各神经系统对于具有兴奋作用的物质的抑制能力较弱；儿童的身体自我调节功能较低，喝茶后，可能会出现心跳加快的现象，有可能导致体力消耗过大，尤其是在晚上喝茶，还会使孩子产生失眠、尿频等问题，影响睡眠，进而影响发育；茶叶里含有鞣酸和茶碱，这两种成分进入人体后，会抑制孩子身体对一些微量元素的吸收，如钙、锌、铁、镁等；儿童喝茶后，在茶利尿过程中，鞣酸和茶碱还会造成钙、磷等矿物质的流失，从而影响身体对营养的吸收，可能会导致体内微量元素的缺乏，甚至出现营养不良。

22. 世界节水日是哪一天 为了号召地球上的所有居民增加水的危机意识，保护水、节约用水，1993年1月18日，在第四十七届联合国大会上，确定将每年的3月22日为“世界节水日”，号召大家积极参与水资源的恢复和保护中，形成水资源的良性循环，让每一个人喝到清洁、卫生的饮用水。

第三节 饮用水污染与健康危害

水是人类生存和生活的必需品，全球都非常重视饮用水的卫生状况，采取了很多措施来保证饮水安全。据报道，全世界每天约有数百万吨垃圾倒进河流、湖泊和小溪，每一滴污水将污染数倍乃至数十倍的水体。全球 80% 的疾病和 50% 的儿童死亡都与饮用水水质不良有关。水污染问题已经成为目前世界上最为紧迫的卫生危机之一。

一、需要时刻警惕的饮用水安全隐患

饮用水从生产到进入千家万户被人们饮用，要经过几个关键的环节：一是选择干净的水源，二是经过符合卫生标准的处理，三是安全的供水环节。这三个环节任何一个出现问题，都可能对人们的饮用水安全带来威胁。

（一）来自供水源头的安全隐患

人们要获得健康安全的饮用水，首先就是需要有干净的水源。然而，近几十年来，随着人们生产生活活动的日益丰富，产生的工业、农业、生活垃圾和有害物质污染水体的现象日趋严重。有数据显示，每年约有 1/3 的工业废水和 90% 以上的生活污水未经处理就排入江河湖海中，符合饮用水水源标准（即达到国家一级和二级水质标准）的河流越来越少，而且污染正从地表水向地下浅层以及深层发展，地下水的污染也越来越严重。特别是一些难以降解的有机物，传统的水处理设备不能有效地进行处理，威胁更大。那么，这些污染主要来自哪里呢？

水源的污染归纳起来，水源水的污染主要来自三个方面：工业排污、农业生产、生活垃圾。

1. 头号污染——工业排污　在所有的水污染来源中，工业引起的水体污染最严重，其中占比重最大的是工业废水（图 4-3）。工业废水指工业生产过程中产生的废水和废液，包括生产废水、生产污水及冷却水。工业废水含污染物

图 4-3　工业废水污染

多，成分复杂，不仅在水中不易净化，而且处理也比较困难。例如电解盐工业废水中含有汞，重金属冶炼工业废水含铅、镉等金属，电镀工业废水中含氰化物和铬等，石油炼制工业废水中含酚，农药制造工业废水中含各种农药等。这些污染物常带有颜色、臭味或易生泡沫，排放到水体中常呈现使人厌恶的外观，使原本清澈的水体变得难看、难闻和有毒。

2. 容易忽视的污染——农业污染　农业污染包括农药、化肥、牲畜粪便等。特别是随着农药在农业生产中的大量使用，农药污染水体的报道屡见不鲜。美国报道在地下水中已检出 130 多种农药或其降解产物残留。中国多个省的地下水中发现农药的残留。农药污染物如果处理不当，会随着雨水、沟渠等流入水体中，从而污染水源。

化肥污染是农业污染的另一重要途径。施入农田的化肥，一般情况下约有一半未被利用，流入地下水或池塘湖泊，大量污水常使水体“过肥”，这种现象被称为水的富营养化。“水华”现象在中国古代历史上就有记载，现在也时有报道（图 4-4）。另外，农田化肥所致的硝酸盐污染问题也十分突出，有些地方硝酸盐含量超过饮用水标准的 5~10 倍，基本上不能饮用。

图 4-4　水华（蓝藻）

农业污染的第三种来源就是动物粪便的污染。例如牛的粪便中排出带有血吸虫的虫卵，还有一些动物粪便中含有蛔虫等寄生虫虫卵，如果人们饮用了这些被污染的水，就可能会得病。

3. 最常见的污染物——生活垃圾　生活垃圾的种类很多，例如大家洗手、洗澡用的洗涤剂，厨房、洗涤房、浴室和厕所排出的各种污水、垃圾、粪便等，以及生活垃圾处理过程中产生的污染物等。生活垃圾污染成分复杂，包括有机物(如氨氮、硝酸氮、亚硝酸氮、油脂、酚等)、重金属(氮、磷、硫)、致病菌(如大肠杆菌),而且常常呈混合污染,使污染物的成分更加复杂,对儿童青少年的健康危害大。

(二)来自水处理过程的中安全隐患

目前,自来水消毒主要采用的是含氯消毒剂,该类消毒剂的主要缺点是氯消毒剂和水中残留的各种有机物结合后产生一类叫卤代化合物的物质,这些物质中有许多已经被确认是癌症的诱发物。因此,许多国家对氯的使用以及水中氯的副产物有严格的管理和控制标准。

(三)来自供水系统的安全隐患

1. 供水管网陈旧,造成二次污染　供水管网就像人体的血管一样,将自来水厂生产出的符合健康标准的水输送到千家万户。由于管网复杂、输送距离长,如果管理不善或者管道老化破损等,很容易导致管网中的水被污染。中国疾病控制预防中心对全国35个城市的一项调查显示,出厂水经管网输送到消费者的水龙头时,自来水不合格率会明显增加。

2. 来自桶装水和瓶装水处理不当造成污染　无论是纯净水,还是矿泉水,只要是以桶装或瓶装的形式进入家庭,都普遍存在着二次污染问题,一方面装水的桶或瓶在循环使用过程中存在被污染的可能,另一方面,没有定期对饮水机清洁消毒,容易滋生细菌。瓶装水在制备、装瓶、运输、保存的过程中都存在被污染的可能。

3. 二次供水带来的污染　二次供水指单位或个人将城市公共供水或自建设施供水。二次供水主要为补偿市政供水管线压力缺乏,保障寓居、生计在高层人群用水而建立。一些楼层比较高的家庭,由于自来水压力不够,原水不能直接供水,需要通过一个"中转站"(如水箱、蓄水池),经过储存、加压,再通过自来水管道供人们使用,这种供水形式称为二次供水。二次供水设施是否按规定建设、设计及建设的优劣、水箱的材质等都直接关系到二次供水水质和供水安全,与原水供水相比,二次供水的水质更易被污染。

二、儿童最容易受到水污染的伤害

水质安全一直是大家所担心的问题,被污染的水中,可能会含有化合物、有机毒物等,这些物质不但会威胁水生生物的生命,也会影响饮用水源,影响人类的饮水健康,尤其是对儿童的伤害更大!

儿童属高风险人群,或称敏感人群。儿童青少年体内含水量高于成年人,单位体重接触水机会多,一旦水受到污染,接触水中化学污染物机会多,对化学污染物的吸收率高。另外,儿童青少年时期,是组织器官的快速生长发育期,对化学污染物毒性作用特别敏感,同样暴露水平可能对成年人不产生影响,但却可能导致儿童青少年的健康损害。

三、水污染对儿童健康的影响

相对于成人，儿童身体代谢快，对水的需求量较大，同时肾脏功能发育尚不健全，因此，水质的好坏对儿童身体的影响更为明显。

（一）重金属引发的疾病

重金属指含汞、镉、铝、铜、铅、锌等的化学物质，当饮水中重金属超过一定标准或者水中含有不是人体所需要的重金属（如砷、铅、镉等）时，这些物质在通过饮水进入人体后，直接或与水中的其他物质结合生成毒性更大的物质，在身体的某些器官累积，对儿童青少年健康构成潜在威胁，出现儿童免疫力低下、注意力不集中、智商水平下降及体格生长迟缓等症状。

1. 镉污染导致的疾病　镉是剧毒元素，儿童长期饮用镉含量过高的水，镉离子就会沉积在骨骼中，阻碍人体对钙的吸收，导致骨骼变形、骨骼疼痛、骨折等。一个典型的例子就是1931—1972年发生在日本富山县"痛痛病"事件。由于水体遭镉污染，周边的居民长期饮用这样的河水，食用浇灌含镉河水的稻谷，很多人出现为骨骼严重畸形、剧痛，身长缩短，骨脆易折。

2. 汞污染导致的疾病　金属汞是不能被消化道吸收的，因此其毒性很低。但如果金属汞进入水中，会被细菌吸收发生化学反应，产生一种叫甲基汞的有机化合物，它的毒性几乎比金属汞大100倍，而且不易排泄掉。这种物质可以与遗传物质DNA结合，引起严重的先天性缺陷。也可以在脑中积累导致大脑损伤，出现神经中毒症、精神紊乱、疯狂、痉挛乃至死亡。此外，慢性汞中毒还可出现两个不同的综合征：①肢痛病。又叫红皮病（Pink disease），多为元素汞或无机汞慢性暴露所致，主要发生于婴幼儿，表现为手掌足底出现典型粉红色斑块、皮丘并蜕皮、瘙痒，口腔检查可发现口腔黏膜发红、牙龈水肿，随后是口腔黏膜溃疡或牙齿脱落等；②过敏症。这类患儿可能出现记忆力减退、嗜睡、害羞退缩、压抑、沮丧和易激惹。

3. 铅污染导致的疾病　与成人相比，儿童对铅的吸收能力远大于成人，因此，铅对儿童的损害更大。铅几乎可以对儿童的每个系统造成损害，且隐蔽性大。进入人体的铅，90%存在于骨骼中，影响骨骼的生长发育。铅可与中枢神经系统的某些酶类结合，损伤神经细胞，影响儿童的智力发育，铅还会损坏肾脏，导致肾脏病变等。

4. 锰污染导致的疾病　锰是一种天然金属，可在全球各地的供水系统中找到。水中锰污染致儿童青少年体内锰含量的增加，影响其注意力和反应速度，降低儿童青少年的学习记忆能力和手部运动的协调性。最近在美国有研究显示，过量摄入锰会导致儿童认知障碍，并产生类似于成人帕金森病的症状。

5. 砷污染导致的疾病 金属砷不溶于水，但其化合物如氧化物、盐类及其有机化合物，常见于被工业废水污染的水体中。对于儿童来说，饮用水是砷暴露的主要来源之一。估计目前全球有近 5 700 万人饮用的地表水中砷超标，许多南亚、东南亚国家或地区属于高砷水地理环境。在 20 世纪末，在孟加拉国，居民因饮用了砷含量较高的井水而出现大规模砷中毒。也有研究报道，智利北部儿童暴露于含砷 750~800μg/L 饮用水环境中，皮肤色素沉着和角化病的发生率明显增加。但是由于目前许多国家广泛使用严格水质标准的自来水，有关饮用水中砷浓度的安全性问题，尚有争议。

6. 氟污染导致的疾病 适当的氟是人体所必需的，过量的氟对人体有害，典型病症为地氟病，即为长期摄入过量氟而发生的一种慢性全身性疾病。当饮用水含氟 2.4~5mg/L，儿童长期饮用可出现氟骨症和氟斑牙。

（二）农药污染引发的疾病

1. 农药可导致胎儿畸形 有研究显示，在美国佛罗里达州的一块番茄地里工作的 3 位妇女都生下了有先天缺陷的孩子，那是由于她们的工作场地在番茄生长季节喷了 30 多种化合物，其中至少包含了 3 种已知影响发育的剧毒农药，即除草剂嗪草酮、真菌剂代森锰锌、杀虫剂阿佛菌素。该研究提示农药污染对胎儿具有致畸作用，而这些农药会随着地表流入地底，如果污染人们的饮用水，可能对胎儿和儿童健康产生危害。

2. 含氯的农药对儿童产生毒害 典型的有机氯杀虫剂如 DDT、六六六等，它们具有化学性质极端稳定、脂溶性高、容易富集等特点，这类农药易被有机体吸收，一旦进入人体就难以排泄出去，在儿童体内累积，形成毒害。目前这类农药已被许多国家所禁用。

（三）致病菌污染引发的疾病

主要以肠道传染病为主，例如伤寒、霍乱、菌痢、甲肝等，其主要症状为腹泻，污染来源主要是被人或动物粪便污染的水。在历史上，曾多次发生因为饮用了含有这些病原菌的水，导致大范围的肠道传染病的暴发流行，夺走了千百人的生命。现今儿童因饮用或使用受污染的水而发生腹泻、肝炎、诺如病毒感染、伤寒、霍乱等肠道传染病的情况也时有报道。

（四）消毒副产物引发的疾病

自来水厂在水处理工艺中，需要加氯杀灭水中的细菌病毒等微生物，在这个过程中，氯也可能会与水中的一些有机物产生化学反应，生成三卤甲烷、四氯化碳、卤乙酸等新的污染物，这些污染物对人体的健康是有害的，甚至有些物质还具有致癌（如膀胱癌）、致突变性，甚至让孕妇面临流产风险。

（五）其他健康危害

1. 硝酸盐氮　长期饮用，会导致婴儿高铁血红蛋白症，智力下降，听力视觉迟钝。

2. 长期饮用被污染的水，会对婴幼儿健康产生影响，常见的问题如下：①长期饮用有污染的水影响儿童肝肾器官功能；②降低免疫力，易生病；③饮用水中缺少微量元素或微量元素比例问题导致生长发育偏离；④不新鲜含氧量低的水影响细胞的生长和发育。

第四节　饮水安全与健康管理

饮用水的污染途径多，污染物成分复杂，处理难度大，世界各国都在积极行动，采取严格的管理措施以保证饮水安全。经过共同的努力，总体来说，人们目前使用的自来水应该是很安全的，是可以放心使用的。但人们仍然不能掉以轻心，在认识健康饮水知识、饮用水的潜在风险及其健康危害的基础上，还要积极参与饮用水的健康管理，以应对日益增加的饮水污染问题。

一、什么是安全的饮用水

安全饮用水指个人终身饮用，也不会对健康产生明显危害的饮用水。安全饮用水包含日常个人卫生用水，洗澡用水、漱口用水等。一般来说，安全的饮用水应该健康、无害、口感好，喝了对人体无害。主要包括：

1. 良好的感官性状　水质的感官性状，即水的外观、色、嗅和味，是人们判断水质及其可接受程度的首要和直接指标。如果水的混浊度很高，有异色或令人厌恶的臭味，说明水质安全性低。当然，感官性状良好的水并不意味着一定安全。

2. 适宜的 pH 值　pH 值表示水的酸碱度，pH 值是水质净化时的重要控制指标，过低的 pH 值会腐蚀金属管道和容器，过高容易引起结垢，影响加氯消毒效果。中国饮用水的 pH 值标准为 6.5~8.5，最佳值为 7.5。

3. 适中的水硬度　饮用水的硬度过高，烧开水时壶内会结垢，也影响口感；水硬度过低容易腐蚀管道。中国的饮用水硬度标准为不超过 450mg/L。

4. 不引发急慢性中毒　安全饮用水要确保人群终身饮用不会引发急、慢性中毒和潜在的远期危害。因此，全球对饮用水中化学物质的含量都做了具体的规定。

5. 无致病菌污染　指饮用水中不含任何致病菌而导致疾病的发生和传播，确保水质微生物学质量的安全性。

6. 饮用水必须要消毒　饮用水消毒的目的是要杀死或灭活致病微生物。为了保证从用户水龙头出来的水仍有消毒作用，家里水龙头放出来的水常常会有一些消毒剂的气味，这是正常的。至于大家担心的消毒剂副产物的危害，只要不超过标准规定，对人体健康就没有害处。

二、如何管好饮用水

为了保证人们能喝到健康安全的饮用水，就要对饮用水水源、水的消毒处理、供应质量的监测等各环节进行严格的管理。

1. 从水源头进行管理　中国对饮用水的水源选择和管理有严格的规定，下面总结了几条，都要按照有关要求和规定去做，同时儿童青少年也应该积极参与水资源的保护。

（1）科学地选择饮用水水源：国家对水源的选择已经制定了严格的要求和规定，但在一些农村地区可能存在问题。水源一般选择在远离工业区、厕所、牲畜圈、垃圾堆等地方，水源周围禁止排放人畜粪便及其他污染物。如果当地暂时没有接通自来水，那么，泉水或井水是较好的选择。

（2）保护好饮用水源：被选为自来水水源的取水点周围，应保证没有垃圾及废物排放等，如发现垃圾应及时清理，也不要在附近放牧，以免动物粪便污染水源。

（3）水源点周围要设立保护区，禁止排放有毒物质，例如废水、废渣、垃圾、粪便等污染物。所以人们一般不要随意进到水源点保护区内，也不要在水源点周围娱乐或活动。

（4）不要在取水点周围进行生活活动：特别在干旱时期，生活饮用水匮乏，此时不要在饮用水取水点周围洗手、清洗粪便等污物、清洗蔬菜等，否则容易引起痢疾、霍乱、甲型肝炎、伤寒及其他感染性腹泻等疾病的传播。

（5）遇生活饮用水水质污染或不明原因水质突然恶化等情况时，应及时报告环保部门。

2. 严格的消毒处理　天然水从江河等进入水厂到被人们饮用，这个路程很长，也存在很多被污染的可能，让水变得不干净，因此，在这个过程中更需要进行严格管理。

（1）净化，提高感官度；就是将天然水通过沉淀、过滤等方式进行处理，才能使用，这种处理方式称为净化。现在，在自来水厂，水的净化是必不可少的环节。

（2）消毒，远离传染病：全球一直致力于研究开发水处理消毒的新方法，较引人注目的消毒剂有：氯胺、二氧化氯、碘、臭氧等。各种消毒剂经研究比较后，从消毒效果看，臭氧 > 二氧化氯 > 氯气 > 氯胺，而从消毒后水的致突变性来看，则氯气 > 氯胺 > 二氧化氯 > 臭氧。

（3）水烧开，消除有害物质：人们通常喝的开水就是采用这种方式处理的。把水加热煮沸一方面可以杀死水中的微生物，另一方面也可以去除水中一些化学性有害物质（如氨氮、氯化物）。一般水烧开后只要沸腾 3~5 分钟即可，过度沸腾会导致其中的铅以及硝酸盐含量增加。

3. 严格地监测供水质量　应定期对水源水、水厂出来的出厂水和供水管道里的末梢水的水质进行检测，水质应符合生活饮用水卫生标准方可饮用。目前，检测指标已经增加到 106 项，极大地保障了自来水的饮水安全。

（龚　洁）

第五章

儿童青少年生命安全与心理健康管理

心理健康(mental health)又称精神卫生或心理卫生,是健康的一个重要组成部分,而不仅仅指没有精神障碍。世界卫生组织(WHO)将心理健康定义为一种幸福状态,在这种状态下,一个人认识到自己的能力,能够应对生活中的正常压力,能够富有成效地工作,并且能够为自己的社区做出贡献。《健康中国行动(2019—2030年)》中强调了儿童青少年心理健康和全面素质发展,还为此提出了相应的行动目标。开展儿童青少年心理健康工作,对于帮助儿童青少年培养健全的人格、形成自信自强的精神品质、树立理想信念和生活目标都至关重要。

第一节　儿童青少年主要的心理问题和特征

一、儿童青少年心理健康

一个心理健康的儿童青少年应具备以下特征:①智力发展正常;②情绪稳定且反应适度;③心理行为特点与年龄相符,如进入学龄期能集中注意力,通过青春期发育形成自身的心理行为模式,确立社会责任感和现实的生活目标;④人际关系的心理适应,能与人和睦相处,悦纳自己,认同他人;⑤个性稳定健全,表现出健康的精神风貌,客观积极的自我意识,行为符合社会道德规范,能适度耐受各种压力和应激。

二、儿童青少年心理问题特征

儿童青少年心理健康不仅与个体的认知、情绪发展息息相关,更受到家庭、学校以及社会的影响(图5-1)。心理卫生问题通常指正常心理活动中的局部异常状态,具有偶发性和暂时性特点,常与一定情境相联系,由一定的情境诱发,若异常状况持续加重,超过相应年龄的允许范围,则可能发展为心理障碍。儿童青少年心理行为障碍的病因复杂多样,约20%的儿童青少年心理障碍可持续至成年期,并且会影响到他们的社会适应、婚姻、人际交往、就业乃至人格等，有的可演化为严重的成人期精神障碍。

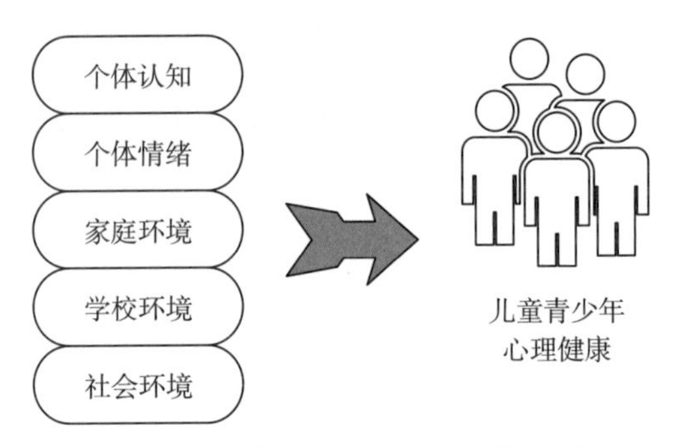

图 5-1 儿童青少年心理健康影响因素

三、常见儿童心理健康问题

（一）抑郁症

抑郁症（depression）是一种以显著而持久的心境低落为特征的精神疾病。抑郁症在青少年中发生率日益增高，严重影响青少年的身心健康，甚至导致自杀和死亡，或社会功能受损。

流行病学研究表明，儿童抑郁症诊断率为 0.5%~2.5%，到青春期则显著增加为 4%~8%。童年期男女抑郁症诊断率相当，青春期后女性发病率约为男性的 2 倍。生命早期创伤、高水平神经质及低水平的外向性人格特质与抑郁症的发生息息相关。儿童青少年抑郁症的核心症状存在年龄差异。儿童抑郁症的常见表现有：情绪低落，容易发脾气或哭泣，缺乏动力或不爱玩，学习成绩下降，自我评价过低，常伴有焦虑症状，严重者有自伤、自杀行为。青少年抑郁症常见表现有：情绪消极，易激惹，缺乏主动性，孤僻，有自杀意念，常伴有睡眠障碍、食欲和体重改变。

目前针对抑郁症的治疗通常以心理治疗为主，主要包括认知行为疗法（cognitive behavioral therapy，CBT）、家庭治疗、游戏治疗等方法。CBT 通过认知干预，为患儿提供心理支持；家庭治疗旨在改善家庭养育模式和家庭成员之间的关系；游戏治疗适用于年幼儿童。症状严重者，应足量、足疗程、长期服用抗抑郁药物。

（二）注意缺陷多动障碍

注意缺陷多动障碍（attention-deficit/hyperactivity disorder，ADHD）也称多动症，是一种儿童神经发育类障碍，核心特征表现为注意力缺乏及多动冲动行为。ADHD 会影响儿童自身的心理状态、社会适应能力，对其成年之后的教育、就业造成负面影响。全球儿童 ADHD 患病率为 5.9%~7.1%，男童患病率高于女童。

ADHD 病因复杂，目前认为其与家族遗传、神经系统损害、不良养育方式、环境毒副作用等多种因素有关。其主要表现有：①过度活动：自幼易兴奋、多哭闹、课堂纪律差、无法静心作业、睡眠差等；②注意力不集中：上课易分心，无心听讲，东张西望，常违反纪律；③冲动：做事不顾及后果，常有攻击行为，不遵守规则；④学习困难，学习成绩不良。

主要通过临床药物和行为指导相结合进行 ADHD 的治疗。从学龄前和小学低年级开始，引导儿童参加一些活动规律强、规则明确的活动，按时作息，保证充足睡眠和合理营养有利于预防和治疗。

（三）特殊学习障碍

特殊学习障碍（specific learning disorder，SLD）指学龄儿童在阅读、书写、拼字、表达、计算等认知学习过程存在一种或一种以上的特殊性障碍，分轻、中、重三类。患儿一般智力正常，没有视力或听力障碍，其学习困难并非由心理或神经障碍、心理社会困境或教育剥夺等因素所致。研究显示，阅读障碍患病率为 4%~9%，数学障碍患病率在 3%~7%。男生多于女生。

目前认为，SLD 由神经系统功能或脑功能失调所致，表现为智力潜能与学业成就存在差异，听、说、读、写、推理、数学运算能力有重大困难。SLD 目前尚无特效药物，个别化教育指导计划（individualized education program，IEP）为目前国际通用的个性化治疗方法，它以普通教学为基础，有明确的学年教育安置，定有相关的教育服务目标。

（四）孤独症谱系障碍

孤独症谱系障碍（autism spectrum disorders，ASD）是一组神经发育障碍类疾病，影响个体从事社会互动和沟通能力，并经常与刻板的重复行为以及狭隘的兴趣有关。WHO 指出 ASD 全球现患率约为 1%。

ASD 是由多基因遗传和环境因素交互作用共同引起的。其临床表现有：语言障碍或落后，社交障碍，兴趣狭隘，行为刻板（如重复转圈、开关门等），认知能力落后、感知觉障碍等。目前尚无 ASD 特异疗法，主要以教育训练为主、药物为辅，以期帮助儿童及其家庭更有效地应对病症，同时最大限度发挥儿童潜能。

第二节　认知、情绪与心理健康

一、定义

认知（cognition）是个体认识客观世界的信息加工活动。在心理学中，认知指通过形成概念、知觉、判断或想象等心理活动来获取知识的过程,即个体思维进行信息处理的心理功能,包括感知觉、记忆、注意力及思维等方面。在现实世界中,个体通过察觉情境和事物,经过信息处理,形成情绪和感受。个体在对信息进行加工的过程中会出现对特定信息的加工偏好,即存在认知偏向(cognitive biases)。很多理论认为认知偏向对情绪问题的产生、维持和复发有着重要影响。

情绪(emotion)是一系列主观体验的统称,包括喜、怒、哀、乐等几种。它是多种复杂的感觉、思维和行为表现综合产生的生理与心理状态。情绪并无好坏之分,其一般表现分为积极情绪和消极情绪两种。在情绪的产生过程中,生理唤醒和环境都有影响,但认知过程起着至关重要的作用。个体在小学高年级至中学阶段进入青春期,此时学生的学业压力增大,生理心理迅猛发展而不成熟,种种原因导致他们的情绪也极不稳定(兴奋和抑制发展不平衡),常常呈现较为矛盾的心理状态(图 5-2),包括对父母的独立性和依赖性、对沟通的开放性与封闭性、对异性交往的渴求感与压抑感、对规则的自制性和冲动性等。

图 5-2 儿童青少年认知能力

二、认知、情绪与心理健康的关联

(一) 认知与心理健康

儿童青少年的认知能力与短期记忆能力、语言表达能力、智商等存在着密切的关系。一般存在认知能力发展落后或存在认知功能障碍的儿童青少年更容易罹患精神分裂症、抑郁症、双向情感等疾病。尤其是精神性障碍,更会给儿童青少年的认知功能带来不可挽回的负面影响。此外,认知能力不足会导致认知错误或者落后,儿童青少年对心理健康认知能力不足,会导致其深陷心理问题的困扰,无法运用正确的策略促进自身心理健康。

(二) 情绪与心理健康

WHO 认为具有健康心理状况的个体应当能适当表达和控制自己的情

绪。一般情况下,正常的情绪反应,不论是积极的还是消极的,都有助于个体的行为适应。但是,科学研究发现,长期的积极情绪,如喜悦、热情、满足等,对健康有益,而长期的消极情绪,如抑郁、焦虑、愤怒等,对身心健康有害。此外,生活中,人们常常会有"欲言又止"的情况,这种"欲表达而不能表达情绪"的心理状态称为"情绪表达矛盾"。情绪表达矛盾(ambivalence over emotional expression,AEE)指个体既渴望表达情绪,同时又担心表达真实情绪将导致消极后果的矛盾心理状态。大量研究发现,情绪表达矛盾可以正向预测抑郁、焦虑等心理症状。因此,情绪调节对于维持心理健康是至关重要的。

(三) ABC 理论

在心理学中,情绪调节的模型有很多,例如 Gross 情绪调节过程理论,强调了认知重评和表达抑制对于情绪调节的重要影响。美国著名心理学家阿尔伯特·艾利斯(Albert Ellis)创建的 ABC 理论(ABC theory of emotion)是情绪调节和治疗的重要理论基础。ABC 理论(图 5-3)指出,诱发事件 A(activating event)只是引起情绪及行为反应 C(consequence)的间接原因,人们对诱发事件所持的信念 B(belief)(认知)才是引起人情绪及行为反应更直接的原因。Ellis 的 ABC 理论后来又进一步发展,增加了 D 和 E 两个部分——一旦不合理的信念导致不良的情绪反应,个体就应当努力认清自己所持的不合理信念,并用新的信念取代原有的信念,这就是所谓的 D(disputing),即用一个合理的信念驳斥,对抗不合理信念过程,借以改变原有信念。驳斥成功,便能产生有效的治疗效果 E(effect),使该个体在认知、情绪和行动上均有所改善。因此,想要从情绪调节方面促进儿童青少年心理健康,对儿童青少年认知水平的引导或干预必不可少。

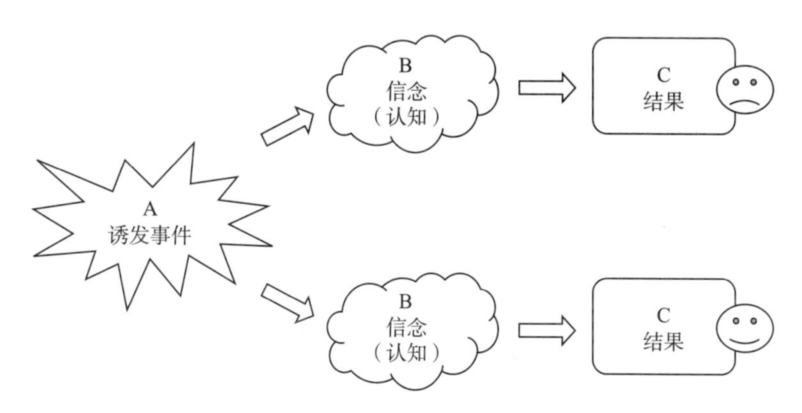

诱发事件A只是引起情绪及行为反应的间接原因，人们对诱发事件所持的信念、看法、解释B才是引起人的情绪及行为反应的更直接的原因。

图 5-3　ABC 理论

（四）基于认知、情绪调节的心理健康促进

影响儿童青少年心理健康的因素，不仅仅有个人因素，还有家庭、学校、社会等多个层面的因素。要提高儿童认知能力与健康认知水平，预防和减少儿童青少年心理问题的发生，必须采取家庭、学校和社会相结合的综合措施。在家庭层面，应多多关注儿童青少年各项认知能力的发展发育情况，若有明显落后应及时就医；帮助儿童树立正确健康信念，强调有心理困扰是正常现象，避免儿童讳疾忌医，引导儿童正确认知自己的优缺点，接受自我，悦纳自我。学校层面，则应把心理健康教育融入学校各项教育活动之中，润物无声。通过个别、团体、电话、网络咨询、班级辅导、心理健康教育、心理行为训练等多种形式，为中小学生提供及时、有效、高质量的心理健康教育与服务，提高儿童青少年健康认知水平，同时养成儿童青少年寻找心理服务的意识和能力。社会层面，要利用并规范大众传播媒介，积极营造良好的社会风气。减少社会上不良风气波及学校，避免影响儿童青少年心理成长。积极利用各种传媒丰富儿童青少年的生活，增长其知识，提高儿童青少年心理健康水平。与认知维度相同，从情绪调节层面促进儿童青少年心理健康也需从家庭、学校和社会三个方面入手。家庭层面，家长需要努力营造和谐的家庭氛围，多与儿童青少年沟通内心的想法，鼓励儿童青少年勇敢表达自己的情绪；学校层面，心理健康教育在提高儿童青少年健康认知水平的同时，应使其具有识别和区分积极与消极情绪的能力，引导他们合理宣泄情绪，并逐步培养其有效管理情绪的能力。社会层面同样需要利用并规范大众传播媒介，引导儿童养成积极乐观的精神面貌，为儿童提供及时有效的心理援助与服务。

第三节　心理危机与心理救助

一、心理危机

儿童青少年正处在身心发展的重要时期，随着生理、心理的发育和发展、社会阅历的扩展及思维方式的变化，特别是面对社会竞争的压力，他们在学习、生活、自我意识、情绪调适、人际交往和升学就业等方面，会遇到各种各样的心理困扰或问题甚至引发心理危机。

（一）定义及分类

心理危机（psychological crisis）指由于突然遭受严重灾难、重大生活事件或精神压力，生活状况发生明显的变化，尤其是出现了用现有的生活条件和经验难以克服的困难，以致当事人陷于痛苦、不安状态，常伴有绝望、麻木不仁、

焦虑，以及自主神经系统症状和行为障碍。心理危机不是一种疾病，而是一种情感危机的反应。发生心理危机的个体具备统一的特征，即在出现较大心理压力的生活事件后，有一些不适感觉但尚未达到精神病程度，不符合任何精神病诊断，又无法依靠自身能力应对困境。易发生心理危机的高危个体可能有明显的性格缺陷、精神障碍、强烈的罪恶感、自卑感和羞耻感、不安全感等。此外存在长期睡眠障碍、攻击性行为或暴力倾向者，或社会支持系统（人际关系冲突）长期缺乏或丧失者，也较易发生心理危机。

根据危机的来源，可将心理危机分为发展性危机（developmental crisis）、境遇性危机（situational crisis）和存在性危机（existential crisis）三类。

发展性危机，又称为内源性危机或常规性危机，指正常成长和发展过程中的急剧变化或转变所导致的异常反应。个体的成长是由一系列连续的发展阶段组成的，每个阶段都有其特定的身心发展课题。当一个人从某一发展阶段转入下一个发展阶段时，他原有的行为和能力不足以完成新课题，新的行为和能力尚未建立起来，发展阶段的转变常常会使他处于行为和情绪的混乱无序状态。例如，青春期初期是青少年身心剧烈变化的时期，其神经系统兴奋和抑制发展不完善不平衡，导致此阶段青少年呈现较为矛盾的心理状态，从而出现一系列发展性危机。

境遇性危机，也称外源性危机或适应性危机，指由外部事件引起的心理危机，当出现罕见或超常事件，且个体无法预测和控制时出现的危机。例如2019年新冠肺炎暴发这一重大公共卫生事件的发生，对个体和群体的心理健康造成了巨大而深远影响。这种危机发生突然，影响面广，影响程度深，影响时间长，需要进行及时有效的干预。

存在性危机，指伴随重要的人生问题，如关于人生目的、责任、自由和承诺等出现的内部冲突和焦虑。

根据危机产生的影响可以分为急性危机（acute crisis）、慢性危机（chronic crisis）和混合性危机（multiple crisis）三种。

（二）心理危机的反应

个体对于心理危机的感知是千差万别的。对于心理危机，有些人能及时察觉，有些人可能后知后觉，有些人可能毫无感觉。而且个体的危机状态程度与危机事件的强度之间并不一定成正比。它受个体的主观特质（个性、对于事件的认知、应对能力状况、以往的经历等）、客观的状况（信息的权威性和可及性、医疗保障等）和危机事件影响广度和深度共同支配。

当个体面对危机事件时会产生一系列身心反应，主要表现在生理上、情绪上、认知上和行为上，这种危机反应一般会维持6~8周。

心理学家认为，个体陷入危机是一个逐渐的发展过程，心理危机的形成和

演变分为四个过程(图 5-4):

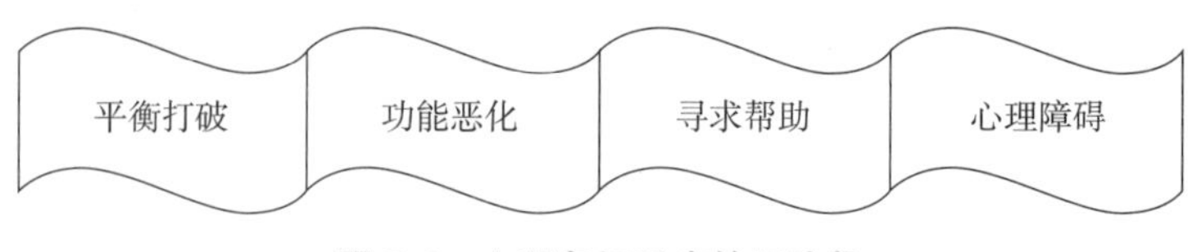

图 5-4 心理危机反应的四阶段

第一阶段,当个体经历危机事件,其日常生活受到影响,原有的心理平衡被打破,表现为警觉性提高,开始体验到紧张、担忧的情绪。为了重新获得平衡,个体试图用其习惯的策略作出反应。这一阶段的个体一般不会向他人求助,甚至会厌恶他人的建议。

第二阶段,经过一段时间的努力,个体发现以往的策略未能解决问题,于是焦虑程度开始上升,身心问题加重并出现恶化。个体开始尝试采取各种办法解决问题,需要注意的是,紧张而焦虑的情绪会影响个体思考和行为的冷静性。

第三阶段,如果尝试过各种方法未能有效地解决问题,个体的情绪、行为症状进一步加重,并想方设法地寻求和尝试新的解决办法。这一阶段中,当事人求助的动机最强,常常不顾一切地发出求助信号。

第四阶段,如果当事人经过前三个阶段仍未能有效解决问题,就很容易产生无助、沮丧和崩溃。个体在此阶段如果采用了不恰当的心理防御机制,会使得问题长期存在,可能会使个体出现人格障碍、行为障碍和心理障碍等。

(三)心理危机的应对和结果

心理危机对个体健康的影响是巨大的,因此心理危机的应对至关重要。

心理危机的应对,可以分为预防、预警和干预,还可以分为个人的调节和专业的帮助。

对于儿童青少年来说,学校和家长是心理危机预防最重要的一道防线。系统和全面的心理健康教育,将在认知水平上为儿童青少年建立应对心理危机的护盾。此外,还应该建立一个互相支持的体系,对于成长中的儿童青少年来说,来自亲人、同伴和教师的支持是至关重要的。预警应对可以通过相关医疗、教育机构联合起来对所有儿童青少年进行心理健康状况调查,及早发现群体中的心理危机倾向及高危个体。这将为进一步的追踪和干预提供更精准的靶点。心理危机干预应该同时兼具及时性和长期性。相关研究表明,心理危机干预的最佳时间是遭遇创伤性事件后的 24~72 小时。一些危机的影响产生后,并不会立刻表现出来,但会在以后的生活中对个体产生长远而潜移默化的影响,这就需要长期的跟踪观察和及时的干预,又称为心理救助。

个人的调节包括认知调节、行为调节、环境调节等。

认知调节首先需要个体树立正确的人生观、价值观、生命观。其次，可以通过增加心理健康相关科普知识（尤其是当前危机事件的相关知识），这将增强个体的掌控感、减少恐慌。此外，还需要有意识地改变自己的非理性想法，例如人应该得到生活中所有对自己是重要的人的喜爱和赞许；有价值的人应在各方面都比别人强；任何事物都应按自己的意愿发展，否则会很糟糕；情绪由外界控制，自己无能为力；已经定下的事是无法改变的等。对自己进行正能量的暗示和正面的对话也有利于心理状态的平稳，如果对于当前危机事件的反应过于剧烈，还可以通过转移注意力、减少关注度的方式予以缓解。

行为调节首先应当重新建立起合理的作息、保证膳食平衡和进行体育锻炼。合理的作息不仅要保证充分、有质量的休息，还应重视其规律性。在保证休息的前提下，可以做一些新鲜的、感兴趣的事情，例如阅读书籍、学习新特长等。在营养方面，除了膳食平衡以外，还应该做到定时定量饮食，不暴饮暴食。推荐儿童青少年每天至少锻炼 1 小时（户外有日照更佳）。此外，情绪日记也是一种有效调节心理状态的方法。可以通过写作，从事情的起因记录到感受、情绪，以及情绪造成的后果，并进一步分析情绪的发展和提供更好的应对方式。同时，向亲人、朋友等表达自己的感受也是一种有效的调节手段。如果个体能接触到应对危机的小团体或者其他网络平台资源等，也可以通过这种社交方式与团内成员进行讨论和交流，从而获得支持和鼓励，甚至在帮助自己的同时协助他人。

环境调节首先应当认识到有些环境是不可改变的，在此基础上去改变可以改变的环境，例如不良的人际关系（同伴关系）。个人可以尝试改善自己的生活学习环境，例如改善照明条件、维护整洁的学习场所、配置更符合人体工程学的课桌椅等。

如果个人的调节无法满足处于心理危机个体的需求，个体应当向心理专业人士寻求帮助。例如求助于心理援助热线服务、网络心理咨询、心理咨询师、心理治疗师或者前往心理科就诊、接受面对面的精神心理评估治疗。但是家长对于儿童青少年的心理状况关注度常常低于对青少年身体健康的关注度，而儿童青少年的耻辱感等问题也会阻碍其向家长、教师求助。这些问题使得部分儿童青少年不能获得及时有效的专业心理帮助。因此，在专业帮助的普及过程中，应当通过各种方式提高家长和教师对于儿童青少年心理危机状态的敏感性，并增加专业帮助与儿童青少年的直接接触渠道。除此之外，专业帮助应当还包括危机相关处理部门，例如就 2019 年新冠肺炎疫情（公共卫生突发事件）而言，公共卫生部门权威的数据公开、张文宏医生多次严谨又风趣的专业发言，极大地安慰了受困于疫情危机中的国人。

对心理危机的应对会直接影响心理危机的结果。心理危机结果常呈现四种形式(图 5-5):①当事人不仅顺利度过危机,而且从危机发展过程中学会了处理危机的新方法;②危机度过后,当事人通过自己或者他人的帮助,逐渐恢复到危机事件之前的水平;③危机虽已度过,但却在当事人心理上留下一块“伤痕”痛点,造成适应能力下降,当事人任何生活变化都可能诱发心理危机;④陷入崩溃状态,出现各种精神疾病症状,甚至自杀。

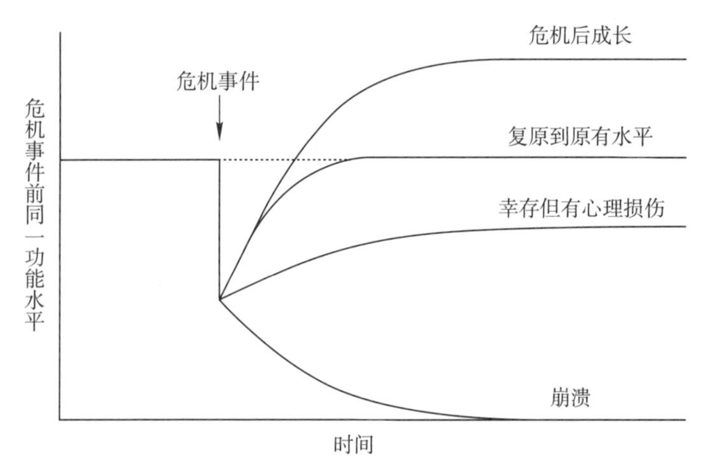

图 5-5 危机后身心发展的可能性(Carver,1998)

这些结果证明了危机对当事人造成的创伤是潜在而深远的。科学研究表明,儿童青少年的不良生活事件对于成年后较差的心理状态具有预测作用。因此,综合考虑心理危机的应对应当从全面预防、早期发现、紧急救治、长期追踪(或早预防、早发现、早干预、长追踪)四个方面同时入手。

二、心理救助

心理救助(psychological assistance)指针对救助对象的精神贫困而实施的救助。心理救助贯穿于个体的任一时期和任一方面。例如,母亲患有产后抑郁症的儿童、学业压力过大的学生、患有慢性病的成年人、无家可归的流浪者等。心理救助常常与灾难性事件紧密相连。它强调了总体宏观调控及多部门联合,是从政策到具体措施、从整体到个体、从宏观到微观、从预防到预后的一个长期过程。

心理救助首先应当进行心理健康教育,其次是对群体的心理评估。建立以学校或者社区为中心的心理救援机构也是重中之重,这既有助于心理卫生服务的普及又能构建局部地区心理救助需求者的交流平台,对于后续的追踪和治疗具有重大的意义。

心理救助分为心理咨询与心理治疗两种方式。据美国心理咨询协会的统计，现已记录在册的心理疗法已有300种之多，而且还在不断增加。较具影响的心理治疗的理论与技术有5种：精神分析疗法、行为疗法、人本疗法、认知疗法和整合疗法。实际的心理治疗过程通常是基于多种方法融合、某种方法侧重的策略。

心理救助的需求者应当信任专业人员的专业能力，还需要克服自身的羞涩感与耻辱感，坦诚地面对自己的内心和坦率地表述自己的经历，这有利于心理评估与治理策略的制定。需要注意的是，需求者应当谨慎处理对心理救助人员的依赖感。

第四节　身心疾病与健康管理

一、身心疾病概述

个体出现的一些疾病，有生理上的原因，也可能有心理上的原因。其中，心理因素往往被人们忽视。个体在生活中总要去接触外界的环境，心理学理论认为，个体在接触危险或出乎意料的外界环境时会产生强烈反应，即应激(stress)。应激过程可能会导致机体出现一系列的负面情绪反应(图5-6)。如果这种负面情绪反应未得到及时疏导而持续存在，会导致甚至恶化个体的躯体症状。具有这样特质的疾病就称作身心疾病(psychosomatic disorder)。

图5-6　身心疾病

儿童青少年的身心疾病主要是由心理因素引起的。目前，国内儿童青少年的心理问题较为突出，常见的有焦虑、抑郁、社交恐惧等。这些心理障碍如果得不到及时有效的干预，就容易引发一些全身性躯体症状，如心悸胸闷等心血管系统症状，腹泻、腹痛、消化道溃疡等消化系统症状，神经性厌食、偏头痛、惊恐障碍等神经系统症状以及哮喘等呼吸系统症状等。这些症状有的短时间内出现一次，呈一过性，如偏头痛、胃肠道症状等，它们往往会在短期内儿童青少年受到较大精神刺激时发作。有的会持续存在，一直持续到成年，如哮喘等。个体间躯体症状的严重程度具有较大差异，轻微者经过合理的心理干预即可缓解，严重者可出现癫痫样症状、麻木等。

儿童青少年生活中所处的社会学环境因素在其身心疾病的发展中起着重要的作用。这些环境因素主要包括家庭环境因素、学校环境因素等。家庭环境方面，主要包括家庭社会经济条件差、家庭成员关系不和睦、父母不良的教育方式等。进入学龄期，儿童青少年往往会面临学业和人际关系方面的困扰，如课程难度不适应造成的学习困难、对学习不感兴趣、每天学习时间增长出现的厌烦情绪、考试压力引起的焦虑情绪、与同伴相处不佳、在学校受同学欺负、冷落等。这些环境因素多数可能对儿童青少年的心理产生不利的影响，从而增加其出现身心疾病的风险，如引发焦虑情绪，出现神经紧张、心悸等症状。

儿童青少年自身的心理发展特点也是身心疾病的病因之一。儿童时期，个体不具备成熟的思想，情绪容易外露。但随着年龄的增长，个体越来越倾向于将情绪藏于自己的内心，往往不会去显露和表达自己的感受，一些消极情绪的持续存在最终会转化成无意识的躯体症状，从而表现出较为严重的身心疾病症状。如果父母不能对儿童青少年的心理、生理状况施加足够的关注度，就可能忽视其心理问题。此时，儿童青少年即使生理问题得到缓解，但其心理问题持续存在，后者依然会导致新的生理困扰。因此，父母需全面关注儿童青少年的身心健康。此外，对于儿童青少年来说，一方面，他们对这个世界的好奇心增强，有着广泛的探索欲；另一方面，当前世界光鲜亮丽、鱼龙混杂，处处充满着诱惑。因此他们会受到不少不良诱惑的干扰，继而出现很多威胁健康的行为，如吸烟、酗酒、沉迷网络等。这些都是他们出现身心疾病的危险因素。

需要注意的是，现实生活中存在的问题是，很多家长及教育工作者对身心疾病的认识依旧不足，主要表现在：当儿童青少年出现身心疾病，家长会多半认为是生理因素所致，就医时医疗工作者往往没有全面考虑这些躯体症状潜在的心理病因，在治疗时仍采用生理性的治疗方案，往往达不到理想的治疗效果。不仅如此，医疗资源也在此过程中产生了浪费。

除了认识到身心疾病的主要原因是儿童青少年的心理因素外，还应注意区分身心反应与身心疾病。一般情况下，如果周围环境对机体刺激不大，由于个体具有很强的环境适应性，可以迅速恢复过来。身心反应往往属于这种情况。而身心疾病是由于长期暴露于不良外界环境刺激下所产生的一系列躯体性症状。两者应严格区分，若出现后者，儿童青少年家长及教育工作者应及时发现并采取措施。

综上所述，身心疾病在儿童青少年群体中较为常见，主要表现为由心理因素引起的一系列躯体症状，这些症状有轻有重，与儿童青少年自身及所处的环境有着较大的关系。现实生活中，儿童青少年家长及教育工作者应当增加对儿童青少年心理状况的关注，及时采取有效措施，以减少身心疾病的发生。

二、身心疾病的健康管理

健康管理（health management）指在获得个体或人群健康信息的基础上，针对个体或人群的健康危险因素，进行有目的、有计划、有措施、有反馈和不断修正的全面管理的过程。健康管理的内容主要包括健康信息采集，健康风险评估和健康干预三部分（图 5-7）。

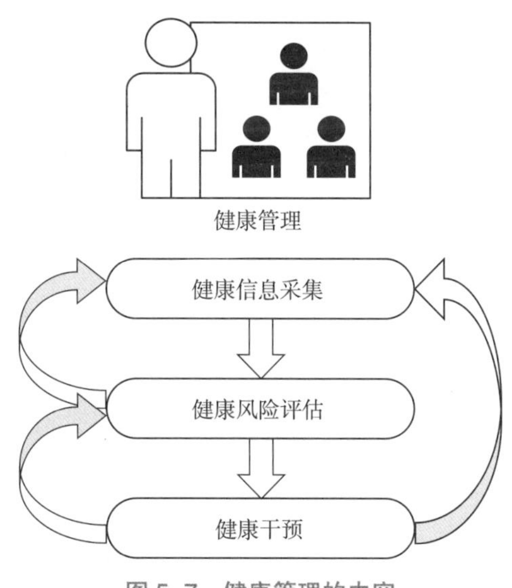

图 5-7　健康管理的内容

身心疾病健康管理的关键在于充分了解患者周围生活环境、社会环境等，充分考虑心理因素及社会学因素对个体身心疾病发生发展产生的影响。就儿童青少年而言，家庭环境、学校环境、社区环境是与其生活关系最为密切的三种社会环境，下面将分别阐述三种环境下儿童青少年身心疾病的健康管理方法。

（一）家庭健康管理

父母是儿童青少年在家的主要管理者，要做好儿童青少年身心疾病的健康管理，首先应时刻了解儿童青少年的心理状态，熟悉儿童青少年的生活习惯、人格特质、生长发育状况等。如时常与他们谈心，敏锐察觉其不良情绪，询问最近发生的不愉快的事情，询问最近有没有出现一些躯体症状如偏头痛、厌食等。

其次，当儿童青少年出现生理或心理不适时，应当根据现实境遇评估这些问题的严重性。父母根据实际情况可先对儿童青少年进行疏导和沟通，尝试解决儿童青少年的心理问题，观察儿童的躯体症状是否缓解，心理平衡能否恢复。如没有明显效果，则需要专业的技术手段对其身心疾病进行风险评估。建议家庭与专业机构（社区心理门诊、社区心理咨询中心等）共同合作，配合专业机构对儿童青少年身心疾病风险的评估流程，提供所有家庭成员的健康信息，以便专业人士利用专业知识和专业手段有效客观地评估儿童青少年身心疾病的发生风险，并为其制定个性化的干预方案。

最后，通过健康干预手段可以缓解并最大程度上消除儿童青少年潜在的心理隐患，达到促进身心健康的目的。专业机构根据儿童青少年的实际情况制定个性化的干预方案，家长作为方案的参与和实施者，应遵循医嘱或专业人士的建议，积极配合干预。在此过程中，家长应随时向心理医生反映孩子在干预过程中的反应、过程中遇到的问题、干预的效果等信息，以便专业人士及时调整干预方案，使得个性化干预得到最佳治疗效果。

（二）学校健康管理

学龄儿童及青少年一天中大部分的时间都是在学校中度过的，然而，因为知识匮乏、认知被动等原因，目前儿童青少年往往缺乏足够的能力去维持自己的心理健康。因此，学校应通过宣传、动员、安排系列活动等方式引导学生树立身心健康的意识，改变学生对身心健康的认知，促进他们养成良好的生活习惯，从而预防身心疾病的发生。

首先，中小学需逐步建立保障儿童青少年身心健康、预防身心疾病的大环境。学校应完善心理隐患监测制度。新生入学后，学校卫生系统应及时建立学生的健康信息卡片，保证每学年至少对学生进行一次全面的健康检查包括心理测试。全面评估学生的整体健康状况，并及时将身体异常或心理异常的学生情况反馈给家长。学校应广泛宣传儿童青少年身心疾病相关知识，采用多种渠道开展卫生知识宣教活动，如通过广播、宣传栏、黑板报等方式普及学生身心疾病的相关知识；利用主题班会的方式进行每月的专题心理健康教育，提高师生的心理认知水平，促进健康行为的产生。学校还应设置专门的心理咨询平台，提供心理疏导服务热线，聘请专业的心理咨询师对学生的心理状态进行系统评估，给那些需要心理救助的学生提供必要的疏导和治疗。

其次，班主任及各教师作为学生在学校的直接管理人，应积极参与学生身心健康管理工作。教师除了日常教学工作外,还应主动了解班上同学存在的矛盾隐患,定期找学生谈话,了解学生的心理状况和家庭状况。中国家长有着“望子成龙,望女成凤”的传统,因此家长往往会过度关注儿童青少年的学习情况。这种学业压力会对儿童青少年的心理健康产生影响,家长应当在关注学习之外及时察觉他们的异常心理状态。这种心态主要体现在学校生活对学业成绩的过度重视,而忽略了儿童青少年的全面发展。而且,随着儿童青少年的身心发育,他们渐渐学会了通过撒谎等途径去隐藏自己内心真实想法,内心防御机制过强,很难向他人敞开心扉。因此,教师如若能主动地了解学生的困难,充分体会学生的感受,对学生进行充分的教育和沟通,将会给他们的心理带来积极影响。此外,教师应督促学生培养良好的生活习惯,如规律的作息,不熬夜等。学校课程规划和安排应保证儿童青少年有充足的运动时间,不占用体育课及课间活动时间进行教学,做到上课不提前,下课不拖堂,积极鼓励学生在课间10分钟时走出教室进行活动。科学研究表明,锻炼的儿童青少年具有更好的情绪控制能力和团队协作能力,良好的生活习惯和积极锻炼的习惯有助于提高儿童青少年的智力水平及抗压能力,这些都是促进儿童心智健康发展、预防身心疾病产生的关键要素。

（三）社区健康管理

目前中国已初步建立儿童青少年社区健康管理体系,儿童青少年健康管理正按照相应规定有序实施。社区的医疗卫生机构除每月对儿童青少年进行健康检查外,还应增加心理状况调查项目,监测儿童青少年的异常心理状况,尽早发现儿童青少年身心疾病的征兆。社区应向儿童青少年及其家长做好身心疾病相关的健康教育,通过心理健康系列讲座、心理健康月活动、社区宣传栏等方式,提升儿童青少年及其家长对身心疾病的认识。社区卫生机构还应设立心理健康门诊、心理健康咨询中心等心理机构,完善儿童青少年的心理求助途径。

然而,目前社区医疗卫生机构对儿童青少年的健康管理难以达到理想的效果。主要原因在于传统的心理治疗方式是一种被动的模式,其忽略了生活环境对儿童青少年心理发展的巨大作用。因此,社区的医疗卫生机构除了做好儿童身心疾病预防相关的本职工作,还应与家庭,学校等单位形成联动机制。如社区医疗工作者在诊疗心理异常患者时应充分考虑患者所处的家庭环境、学校的人际关系等因素,通过与家长建立合作关系,客观评估儿童青少年的心理危机程度,建立动态的个人干预方案,使家长积极参与到儿童心理健康的干预过程中。这样可以减少住院及其他的一些高昂的花费,免去不必要的服务费用,也有利于提升儿童青少年健康管理的效率。

综上所述,儿童青少年身心疾病的健康管理不仅需要各方充分了解儿童青少年心理问题的前因后果，针对性地进行疏导和干预，更需要家庭、学校，社区的共同参与、互相合作，共同提升健康管理的效率及质量，共同撑起儿童身心健康的保护伞。

（宋然然）

第六章

儿童青少年生命安全与行为习惯健康管理

儿童青少年时期处于人的一生中生命力最为旺盛的阶段，好奇心重，乐于探索新事物，由此也带来一些安全问题和风险。这些生命安全风险往往与儿童青少年的行为习惯有着密切的关系，是对儿童青少年开展与生命健康有关的行为习惯管理，乃至全生命周期安全的有力手段，也是提高全人群健康水平的重要支撑。

第一节　儿童青少年积极正能量的教育和影响

儿童青少年对新知识的兴趣浓厚、学习能力强，他们的知识、意识、行为具有高度的可塑性。在这一阶段，对儿童青少年开展积极、正面的健康教育，普及健康知识，提高健康意识，规范健康行为，将使其受益一生。

一、习惯相关知识

（一）习惯的定义

从个体层面看，习惯指个体通过反复练习，后天习得的自动化了的动作、反应倾向和行为方式；从社会群体层面看，习惯指人们在长期生活中逐渐形成的，具有共同的、相对稳定的行为方式和反应倾向，是文化的组成成分。

（二）习惯养成的定义

习惯养成指在外部因素的指导下，行为习惯获得自我成长、自我发展的过程，侧重将外在行为影响转化为个体内在行为自觉的过程。习惯养成既包括良好习惯的养成，也包括不良习惯的形成，后者称作“恶习”。

（三）儿童青少年时期对于习惯养成的重要性

根据现代心理学和教育学研究，幼儿期（3~6 岁）、儿童年期（7~10 岁）、青少年期（13~16 岁）是习惯养成非常重要的三个时期，因此需要抓住儿童青少年时期的习惯养成，培养良好的行为习惯，及时纠正前期形成的不良行为习惯。

二、教育对于习惯养成的重要性

（一）班杜拉的社会学习理论

社会学习理论包括三个方面：相互作用论、观察学习理论和强化理论。其创始人班杜拉强调观察模仿学习的重要性，他认为儿童通过观察学习而习得新行为。儿童能从家庭成员（祖辈老人、父母、兄弟姐妹等）的日常行为习惯中，幼儿园教师及同伴群体的日常生活习惯行为模仿中观察习得。电影、电视、图画书等形象生动的符号表征也能为儿童提供丰富的示范刺激，一定程度上影响儿童的生活习惯。

（二）杜威的"教育即生活"理论

杜威的"教育即生活"理论认为教育贯穿在生活的方方面面，良好生活习惯的养成立足于生活之中。家里父母的言传身教，学校教师的一言一行，社会上同伴的生活行为，都能对生活习惯产生影响。生活习惯的养成，并非他人"教出来"，而是在生活中，通过点点滴滴"做"出来，是知行合一的结果。

（三）霍曼斯的社会交换论

美国社会学家 G. C. 霍曼斯（George C. Homans）等人构建的社会交换论认为，人与人互动的实质是交换奖赏和惩罚。该理论强调了在儿童青少年养成良好习惯的过程中，无论是教师还是家长，都应该注意多奖少罚，促进良好生活习惯教育行为的完成。

（四）斯金纳的强化理论

斯金纳的强化理论用在培养儿童青少年的良好习惯养成方面，证明教育可以塑造其新行为。儿童青少年的生活经验少，但又渴望成长、渴望独立，自尊心强，过多的批评容易使其形成逆反心理；因此，当他们在有良好的习惯行为时，应以鼓励表扬、奖励等正强化为主，促进其养成良好的生活习惯。同样，强化理论也可运用在对于不良行为的矫正上，斯金纳认为，只要成人在任何时候都不以任何形式去强化未成年人的不良行为，那么这种不良行为就可以被矫正。

结合儿童青少年行为心理发育规律和相关教育理论，在对儿童青少年开展生命安全相关行为习惯的健康教育、习惯养成活动时，家长在家庭教育中要注重随时随地、及时、反复开展此类活动，注重教育方式方法，以鼓励引导为主、惩戒责罚为辅；同时要注重为儿童青少年提供良好的社会氛围和社会服务，才能取得好的效果。

第二节　培养儿童青少年良好的行为习惯

儿童青少年养成良好的、有助于生命安全的行为习惯需要大量、反复的教育、辅导,但是形成不良行为习惯则容易多了,因此培养儿童青少年良好的行为习惯任重而道远,贵在持之以恒。

行为习惯是人们在日常生活中形成的与经历和教育程度相对应的固定行为,具有很强的潜意识,是人们自动表现出来的全部行为方式的总和。行为习惯具有自动性、后天性、情绪性和双重性的特点,可以分为良好行为习惯和不良行为习惯两种类型。

一、行为习惯的分类

广义的行为习惯几乎包含了生活的方方面面,与生命安全、促进健康有关的行为习惯则主要体现在日常学习、生活和工作领域,对儿童青少年而言,则集中在生活习惯和学习习惯。此外,儿童青少年还处于人生观、世界观、价值观等“三观”养成的阶段,开展儿童青少年行为习惯健康管理时还要注重对其“三观”的培养。

(一) 生活行为习惯

生活行为习惯指儿童青少年每天都要重复的行为,对健康的影响是依靠其长期大量重复来实现的。养成好的生活行为习惯可以受益一生,一旦养成不良生活行为习惯,危害也会持续一生。

1. 睡眠习惯　《青少年睡眠卫生评估量表修订版》是常用的评价青少年睡眠状况的量表,2005 年由美国 Colorado 大学的 LeBourgeois 等教授编制。通过对英文原版进行翻译及回译形成了该量表中文版,并在预调查和测量学性能评估的基础上,进行了适当的修订。M-ASHS 问卷具有良好的信度和效度,总问卷的 Cronbach' α 系数为 0.89,各维度的 Cronbach' α 系数为 0.88~0.91;总问卷的重测信度 ICCs 为 0.85,各个层面的 ICCs 范围为 0.60~0.88。该量表主要维度包括工作日睡眠时间、周末睡眠时间、工作日入睡时间、周末入睡时间、睡眠规律性等。

针对该量表的评价维度,儿童青少年睡眠习惯可以从以下几个角度进行讨论:

(1) 睡眠时间:指工作日和周末平均每日睡眠的时间。研究证明,工作日和周末睡眠时间少于 8h/d 的儿童青少年和睡眠时间≥9 小时者相比,出现心理行为问题的可能性增大。

(2) 入睡-觉醒时间和睡眠日周期特征:根据工作日入睡时间是否晚于22时、工作日觉醒时间是否晚于6时15分、周末入睡时间是否晚于22时30分、周末觉醒时间是否晚于8时,可将儿童青少年的睡眠习惯划分为清晨型(即早睡早起型)和夜晚型(即晚睡晚起型),其中入睡和觉醒时间延迟的夜晚型与行为问题有关。

(3) 睡眠规律:睡眠规律性差主要表现为工作日入睡时间延迟,睡眠时间不足,周末则通过延长睡眠时间来弥补。研究发现,睡眠不规律的儿童青少年更容易发生行为问题,主要是因为昼夜节律被扰乱、睡眠被剥夺会影响儿童青少年的行为。

(4) 其他:除以上几点外,还可以考虑是否依赖服用安眠药入睡、睡前是否会饮用含有咖啡因的饮品、白天是否担心失眠、睡眠是否受光线或噪声的干扰等来评价睡眠质量。

2. 卫生习惯 与儿童青少年健康密切相关的卫生习惯包括口腔卫生、手卫生、公共场所卫生等。

(1) 手卫生习惯:包括保持手部清洁卫生。外出回家后、饭前便后等时候及时洗手,采取正确的洗手方法(注意清洗指缝、皮肤褶皱处和指甲盖内等部位,揉搓至少15秒,洗手时会使用香皂或洗手液等产品,冲洗时使用流动水,详见六步洗手法)。

还有及时清理手指甲,包括及时剪短指甲、清理指缝污物;冬季注意涂抹手部护肤品,保持手部皮肤湿润,避免皲裂;冬季注意手部保温,避免冻疮感染等。

(2) 口腔卫生习惯:儿童青少年时期是形成龋齿的高危时期,龋齿的发生与口腔卫生紧密相关,对儿童生长发育以及将来的生活质量都有严重的影响。

1) 进食与口腔保健习惯:良好的进食与口腔健康行为习惯包括饭后或吃东西之后漱口或刷牙,进食后日常使用牙线、牙间刷等进行牙齿清洁;睡前刷牙且不再吃东西,进食甜食、碳酸饮料的种类、频率和量都较少,食用这些食物后立即刷牙、漱口或使用牙线或牙间刷等进行清洁。

2) 刷牙的习惯:每天刷牙早晚至少刷牙2次、每次刷牙的持续时间应达到3分钟、采用正确掌握刷牙方法(指顺缝竖刷齿间隙、旋转移动刷牙齿表面尤其是磨合面),选择含氟的牙膏等。

3) 是否会定期接受口腔检查和护理;儿童期,乳牙中的磨牙咬合面应定期涂氟,降低乳牙龋齿的发生率;一旦出现乳牙龋齿应及时就医,避免影响恒牙萌出及恒牙健康。恒牙萌出后,磨牙应尽快进行窝沟封闭,避免恒牙龋齿;有条件的情况下,应定期解压。定期到专业牙科机构进行口腔保健,及时发现恒牙萌出的问题,矫正牙列不齐、咬合障碍,早期干预龋齿等,全面提高口腔健康质量。

（3）其他卫生习惯：每日睡前清洁会阴、手脚和脸部，有条件的每日洗澡并及时更换内衣，内衣、鞋袜应在太阳下晾晒，被褥、床单应经常清洗并晾晒。

在公共场所，不与他人公用毛巾、不随地吐痰、不随地大小便；感冒咳嗽时注意遮挡，最好戴口罩出门等。

3. 饮食习惯　该部分主要在第三章节中进行阐述。

4. 运动习惯　该部分主要在第七章节中进行阐述。

（二）学习行为习惯

1. 按照学习的进度分类　课前准备习惯、课堂学习习惯、课后学习习惯、学习卫生习惯、元认知学习习惯、阅读习惯、考试习惯和守纪律习惯；学习的习惯、听讲的习惯、复习的习惯和作业的习惯，把小学阶段的学习习惯做了总体的划分。这些都是任何年龄段儿童青少年学习时应该具备的“基本功”。

2. 按照学习的特征分类　将学习习惯分为创造性学习习惯和合作学习习惯。人的成长过程就是人的社会化的过程，与他人和社会合作，协调个人与他人和社会关系的过程。因此，合作学习对儿童青少年的学习要求较高。创造性学习是在具有基本学习能力基础上，对所学知识创新、升华的结果。这两种学习习惯均对学习能力有较高要求。

3. 更具体的学习习惯分类　姿势正确的习惯，爱惜学习用品的习惯，讲究学习卫生的习惯，有步骤地学习的习惯，认真自觉地学习的习惯，积极思考的习惯，勤于积累的习惯，善于自学的习惯，动手实践的习惯等。

4. 按照是否具有学科限制性分类　将学习习惯分为一般学习习惯和特殊学习习惯。前者包括课前认真准备学习用品习惯、上课专心听讲和认真思考的习惯、课后独立、按时完成作业的习惯、课前预习和课后及时复习的习惯等。后者主要指针对不同学科养成不同的学习习惯，如语文学习习惯应培养阅读、写作等学习习惯。

（三）人生观、世界观、价值观

1. 人生观　指对人生目的、态度、价值和个人同社会的关系等问题的根本看法构成了人生观。

（1）人生目的：指主要涉及人为什么活着的问题，即人生的目标和理想。

（2）人生态度：指人们对于自我、他人和客观事物的基本态度，即在人生中面对困难和挫折时的应对态度，是乐观面对还是消极对待。

（3）人生价值：指作为客体的个人，其实践活动或一生的所作所为对主体，也就是社会、他人需要的满足关系，以及主体对其自身需要的满足关系，即能否平衡好个人利益和集体利益甚至是国家利益之间的关系。

2. 世界观　指一种人类知觉的基础架构。透过它，个体可以理解世界并与之互动，世界观实际是指导人们进行一切自我与社会行为的存在。

世界观包括如何看待与分析事物，是人对事物判断的反应。世界观的基本问题是意识和物质、思维和存在的关系问题。根据对这两个问题的不同解答，可将世界观划分为两种根本对立的类型——唯心主义世界观和唯物主义世界观。

世界观具有实践性，人的世界观是不断更新、不断完善、不断优化的。儿童青少年成长过程中，世界观也是不断学习和完善的。如果落入了唯心主义世界观，就容易用孤立、静止的观点看待事物及其规律，容易将精神的作用凌驾于物质之上，面对生活中的问题和挑战的时候就容易盲目、消极。

3. 价值观　指人对周围的客观事物（包括人、事、物）的意义、重要性的总评价和总看法，是分析事物、分辨是非的一种思维或取向。价值观对动机有导向的作用，对调节自身行为起着非常重要的作用，直接影响一个人的理想、信念、生活目标和追求。价值观的作用大致体现在以下两个方面：①行为动机受价值观支配和制约，在同样客观条件下，具有不同价值观的人其动机模式不同，产生的行为也不同，只有经过价值判断被认为是可取的才能转换为行为动机，并以此为目标引导行为；②价值观反映人们的认知和需求，是人们对客观世界及行为结果的评价和看法，从某个方面反映了人生观和世界观，反映了人的主观认知世界。

儿童青少年在不同发展阶段会具有不同的价值观，他们会在被认为具有意义的领域进行行动。树立正确的价值观对于儿童青少年采取正确行为，尤其是正确的健康相关行为具有重要的影响。

“三观”在儿童青少年时期逐步形成并定型，一旦定型后多会持续影响一生，后期改变“三观”的难度很大，常常是“事倍功半”。因此，要抓住影响“三观”形成的关键时期，帮助青少年形成正确的“三观”。

（四）道德行为习惯

道德行为习惯亦称伦理行为习惯，是个体道德认识的外在表现；指在一定道德意识支配下表现出来的有利或有害于他人和社会的行为习惯，是与主体的道德主观需要、道德内心倾向相联系的自动化了的行为动作。

道德行为习惯可以分为道德行为习惯和不道德行为习惯，前者指符合一定的伦理原则和规范、被社会肯定的道德行为习惯，后者则反之。

1. 文明礼貌　日常生活中的文明礼貌行为必须符合中国文化习惯，包括外出时会征得父母等监护人同意，在家里尊重长辈和老人；在外见到师长、亲友主动问好，出行时文明礼让、遵守交通规则，注重餐桌礼仪，不挑拣食物、不独霸食物；对他人友好，乐于提供力所能及的帮助等。

2. 勤俭节约　无论在家在外，离开房间时及时关闭电器，节约用水，节俭使用零花钱；节约使用纸张文具，爱护书籍，爱惜衣物鞋袜，适量饮食，不暴饮暴食，不向父母提超越自己年龄需要和家庭承载能力的消费要求。

3. 热爱劳动　参与日常家务劳动，自己整理个人房间，年龄稍长应学习洗衣服、做饭等劳动技能；在学校应有主人翁责任感，负责擦黑板和扫地等清洁卫生工作。

4. 爱护环境　不乱扔垃圾，知道垃圾分类的知识；不破坏公共场所环境卫生以及公共场所的植物、设施，包括旅行时的交通工具、旅社等公共场所中的设施。

二、培养良好行为习惯的重要性

从社会角度来讲，良好行为习惯的养成教育是提高全民族素质的基础工程；从个人角度来说，它是个人健康、可持续发展和终身发展的基础。与之相反，不良行为习惯将影响儿童青少年的健康和未来发展，更将制约民族未来的发展。

（一）养成良好行为习惯对人际关系的影响

良好的行为习惯是良好人际关系的基础条件。在良好的人际关系中，儿童青少年不仅能从同龄的优秀者身上学习，也会得到更多长辈的认可、赏识和帮助，从中获益。另一方面，没有人喜欢结交一个存在诸多不良行为习惯的人；更有甚者，“近朱者赤、近墨者黑”，一些具有不良行为习惯的儿童青少年更可能形成一个不良行为者“俱乐部”，在这种氛围下，其不良行为习惯更有可能得到进一步加强。

父母经常教育儿童青少年保持好的行为习惯、不要和行为习惯差的人交往是有道理的。养成良好的行为习惯会让你的人缘上一个台阶，不管在成长的什么阶段，加强良好行为习惯的养成，有利于拥有良好的人际圈，构建并保持正确的“三观”。

（二）养成良好的行为习惯对身心健康的影响

良好的行为习惯有利于身心健康发展。要想养成良好习惯，要从点滴做起，从小做起，从简单朴素做起，持之以恒你会成为习惯的主人，好的习惯会为你效劳终身。如果放任不良行为习惯形成，哪怕是细微的，也会集腋成裘，你将成为不良行为习惯的奴隶，它可能控制你到永远，危害你的身心健康发展。

例如，作息时间不规律，入睡延迟，长此以往会降低抵抗力，增加慢性疾病以及心理疾病的风险；同时睡眠不足，白天精力受损，又会降低学习和工作效率。卫生习惯不良，幼时增加罹患各种感染性疾病的风险；成年后，不良卫生行为习惯还可能导致人际交往方面的困扰。缺乏运动、不健康的饮食，在现代社会则极易导致代谢综合征等慢性疾病。

（三）养成良好的行为习惯对品德的影响

良好的行为习惯是道德、品德的基础，与道德、品德密切相关，紧密联系。良好的行为习惯常常是衡量人品德和道德水平的基础。一个具有良好行为习惯的人，一般做事有道德底线；有着诸多不良行为习惯的人，例如在公共场所违背公序良俗、缺乏个人卫生习惯，则常常让人产生自私、缺乏自制力等负面道德评价。

（四）养成良好的行为习惯对成功的影响

行为变成了习惯，习惯养成了性格，性格决定了命运。从行为开始，每个人就塑造了自己的命运，好的行为习惯自然带来好的“命运”，带来成功；不良行为习惯会让“好运”远离，让失败纠缠。因此，在儿童青少年时期要积极养成良好的行为习惯，只有这样人生才能迈向真正的成功。

第三节　培养儿童青少年健康行为习惯的情境氛围

儿童青少年的良好行为习惯的培养既需要老师、辅导员、社工、心理医生等专业人员，更需要家长、亲友的潜移默化，还需要社会舆论、媒体宣传，共同形成合力，营造有利于儿童青少年养成健康行为习惯的氛围。

一、学校/老师的作用

儿童青少年时期，除了家庭之外，学校是他们逗留时间最长的地方，老师是他们接触时间最长的人，因此学校和老师对儿童青少年行为习惯的养成具有显著的影响。

（一）树立榜样形成教育磁场

榜样的力量是无穷的，尤其是当这些榜样来自身边、来自同龄人、来自具有相同文化的对象时。通过榜样示范的途径对儿童青少年进行行为习惯的养成教育是非常有效的方法。老师在学校可以采用学生看得见、摸得着、感受得到的鲜活案例对学生进行说理教育，使学生实实在在直观地感受什么是该做的，什么是不该做的，这种策略又可称为“事例明理法”。

（二）通过实践锻炼进行充分体验

培养学生形成良好的生活习惯最为简单和重要的途径就是将行为习惯的养成教育与生活实际相结合，在生活实践中加深学生的认识和理解，帮助学生从感性认识上升到理性认识，再实现由理性到实践的跨越，达到实践行动的目标。

（三）反复训练促进习惯养成

行为习惯的养成需要不断重复、巩固，才能形成稳定的、可持续的行为模式。行为反复训练法指通过对实际操作、真实感受进行反复的训练和巩固，使学生掌握正确的、规范的行为习惯。

（四）从小目标开展在校常规训练

不论人的生理发展还是心理发展，就其一生而言都有关键期，生活习惯养成教育的关键期在小学阶段。就小学阶段而言，关键期从踏进校门的那一刻就开始了。年龄越小、年级越低，可塑性就越强，干预越容易起作用，所以从一年级新生开始，老师就要抓住这一关键时期，从小目标做起。例如教儿童青少年保持课桌、教室清洁，主动承担班级工作、积极参与学校活动，对老师同学文明礼貌等。重视在校期间的“一日常规”训练，以学生每天都要做的小事出发，经过长期训练和积累，使学生形成良好的行为习惯，从而达到养成教育的目的。

（五）推行班级公约导行法提升班级凝聚力

情景陶冶是通过教师有意识地创设教育环境，使学生在多个方面受到熏陶。为使学生养成良好的生活习惯，教师要重视班风建设，班风对学生日常行为起到约束和导向的作用。

班级公约导行法指利用班集体的力量，组织学生根据自身的发展需要和班级实际情况制定本班全体成员可以遵守的规则和规范，也就是所谓的“班级公约”，较之以往官方的《守则和规范》有着更加强烈的实际作用和教育效果。

（六）将理想道德教育融入日常活动中

人生观、世界观、价值观虽然是成年期才最终定型，但塑造的过程是从儿童青少年时期开始的。学校是系统开展“三观”教育的主力场所，一是因为儿童青少年在学校时间长，二是因为在这个阶段，老师的言行对学生有着决定性的影响，学生高度信任老师。

“三观”与其他的行为生活习惯的养成有一点显著不同，“三观”不是教出来的，也不是反复训练出来的，而是润物细无声，通过日常言行引导、示范出来的。中国文化中的重视社会责任感、集体主义精神，强调爱国主义，坚持唯物主义精神等等，这些当代中国社会“三观”的主要内容必须融合在学校课程教育，日常的升旗、纪念活动，德育教育等等活动中，日积月累才能化为固化的行为。

二、家庭/家长的言行

家庭中父母的一言一行、一举一动，都对孩子产生长期的、潜移默化的影响。

（一）家庭生活方面

在家庭生活中，凡是涉及健康相关的行为习惯，父母都要以身作则，为孩子树立榜样示范。例如，要求孩子回家就洗手、洗脸，家长自己要做到；要求孩子饭后刷牙，家长要示范；要求孩子不依赖电子产品，家长自己首先要少看手机、少玩电脑等。

特别是幼儿阶段，孩子辨别是非的能力很弱，分不清行为习惯的好坏，对新奇的行为喜欢模仿。父母除了自身要为孩子树立良好的榜样之外，也需要格外注意孩子所处的生活环境，及时纠正孩子可能从其他亲友或者同龄小伙伴那里习得的不良生活习惯。例如，要避免幼年时接触烟酒，因为接触越早越容易成瘾，也难以戒断；玩伴中如果有的孩子存在不尊重长辈、恃强凌弱的行为，对自己家的孩子会产生负面引导；有的同伴可能喜欢一些高度危险的游戏，容易引起高坠、溺水、触电等风险；此时父母的陪伴就非常重要，及时、充足的陪伴能够尽早发现这些不良行为的形成环境和因素，可以及时干预，做到事半功倍。同时，父母也有责任和义务说服、教育家中其他亲友，与孩子相处时，要避免一些成年人的不良行为和习气影响儿童青少年的健康行为养成。

（二）学习习惯方面

自古以来，中国文化高度重视子女的学习。学习的主要内容是由学校传授，但是良好学习习惯的养成，父母和家庭责任非常重要。

与其他行为习惯养成一样，父母需要反复对好的学习行为进行强化，而且从开始学习的时候就需要强化这些好的学习习惯。例如，父母应该尽早帮助孩子理解学习的目的，明白学习过程是“苦”，学习的结果是“乐”；学习贵在坚持，保持好奇心和学习兴趣，学习要注重方法学。低年级，好的学习习惯主要包括自主完成作业，自己整理、准备书包，培养课外阅读的习惯；高年级，好的学习习惯包括独立完成作业，具备独立思考能力，能够提出有价值的问题并运用所学习的知识去解决问题等。

父母唯有平时多努力，及时提醒改正，言传身教，循循善诱，才能让孩子做到“择其善者而从之，择其不善者而改之”。

三、社会管理

社会氛围对儿童青少年的影响体现在非强制性、泛影响性、恒常性、积累性。社会氛围虽然对儿童青少年的行为没有强制性的要求，但是影响的范围非常广泛，这种影响也非常稳定，具有恒常性；社会氛围导致的影响不是一次形成的，而是反复作用产生的，也就是具有积累性。

在有助于形成儿童青少年的良好健康相关行为习惯的过程中，社会应该帮助有吸烟、饮酒等危险康健行为的未成年人纠正错误行为习惯，例如通过专业人员或社会组织帮助来达到戒烟、戒酒等目的；利用传统媒体、新媒体开展宣传教育，在公共场所禁烟；积极打击吸贩毒、酗酒等成瘾物质滥用等。

加强学校周边环境的管理，杜绝未成年人进入网吧、游戏厅、有害的书屋等危害身心健康的场所。加强网络媒体的管理，避免儿童青少年接触更多的不良网络信息的影响。大众媒体应该多宣传有意义的、健康的报道，加大在儿童青少年范围内宣传良好的文化和道德品质的力度。

第四节　行为卫生与健康管理

健康管理是针对健康需求对健康资源进行计划、组织、指挥、协调和控制的过程，在这个过程中需要全面掌握个体和群体的健康状况，并采取措施维护和保障个体和群体的健康。对儿童青少年开展健康管理，梳理健康的行为卫生习惯，解决过程中出现的问题和解决措施具有重要的价值。

一、不良的生活行为习惯

按照斯金纳的强化理论，不良生活行为习惯具有顽固性，因此需要学校、社会、家庭不断干预强化，才能改善不良行为习惯。

（一）不良睡眠习惯

睡眠能直接影响涉及行为管理的大脑前区的成熟，主要通过昼夜节律紊乱和睡眠剥夺来影响人的生理和精神。入睡时间或觉醒时间较晚者和心理行为问题，如焦虑、情感问题、自杀意念等显著相关；睡眠不规律的儿童更容易出现行为问题。

一项研究显示，46.4% 工作日平均每天睡眠时间少于 8 小时，7.6% 周末平均睡眠时间少于 8 小时，47.5% 工作日入睡时间晚于 22 时，39.8% 周末入睡间晚于 22 时 30 分，45.2% 周末觉醒时间晚于早 8 时，22.55% 睡眠规律性差。这些数据说明我国儿童青少年整体的睡眠习惯和睡眠质量不高。

睡眠习惯是可以改变的。通过睡眠卫生教育，改善家庭中其他家庭成员的作息习惯，创造好的睡眠家庭氛围等使青少年养成良好的睡眠习惯。充足的睡眠、早睡早起、规律的作息时间，对于预防和改善儿童青少年群体的心理行为健康有促进作用。

（二）不良的卫生习惯

儿童青少年高发的不良卫生习惯主要在手卫生和口腔卫生方面。

1. 不良口腔卫生习惯　儿童养成良好的口腔卫生习惯能降低牙面受到牙菌斑或者食物污染的机会，从而防止龋齿产生。乳牙龋齿具备发病早、范围较广、发病迅速等特征，会给恒牙正常发育产生很大的不利影响，如果不能及时或者恰当地进行治疗，将对患儿正常发音、咀嚼等功能产生影响，导致患儿营养不良，危害患儿健康。

经常摄入甜食、含糖饮料的儿童出现龋齿概率更高，随着逐渐增加的甜食摄入量，龋齿会越来越严重。因此，从乳牙萌出开始就要培养儿童良好的饮食以及口腔卫生习惯，从而控制龋齿率，保护儿童健康良好成长。

2. 不良手卫生习惯　手在接触性传染性疾病的传播中扮演着极其重要的角色，如手足口病、红眼病等，手卫生状况直接影响疾病发生与流行。

幼儿园主要接收 3~6 岁适龄儿童，该年龄段儿童免疫系统尚未发育完全，抵抗力较弱，加之幼儿园内人口密集高、空气流通较差、儿童之间相互接触频繁，极易引起手足口病等肠道疾病和流感等呼吸道疾病的暴发与流行。俞慧芳等针对嘉兴市城乡中小学生开展了手卫生现状的研究，发现仅 8.31% 的学生能完全做到 10 项日常生活洗手的要求，23.81% 的学生能正确使用六步洗手法。张凯等针对中学生开展了手卫生现况研究，显示不愿意洗手的人占 23.7%，13.1% 的人没有洗手习惯；自认为掌握洗手方法的占 38.1%，而实际正确掌握洗手方法的仅占 10.1%，清洗局部者较多，存在知识掌握与行为不对等的现象。

以上现状均提示儿童青少年的手卫生的执行情况较差，不洗手的原因主要包括没有设施、没有香皂等。因此，学校应加强手卫生健康教育，促进知信行之间的相互转化；改善学校卫生设施，为手卫生提供良好的环境。

二、不良的学习行为习惯

不良学习行为习惯，包括厌学情绪、缺乏学习管理计划、学习缺乏主动性等，表现为上课走神、作业拖拉、不能完成作业、作业字迹潦草和错误多、不求甚解、马虎大意、偏科等。这些不良的行为习惯可以通过阶段训练、老师与父母的配合等方法来纠正。

三、不良道德行为习惯

不良道德行为习惯，例如谎话连篇、满口脏话、课上哗众取宠、顶撞教师、欺负弱小同学、考试作弊等。这些不良的道德行为主要依靠家庭和学校的共同努力来纠正，例如可以通过行为训练法、激励教育法、冷静处理法等方法来实现。

四、健康危险行为

健康危险行为指后天形成的较稳定的对健康有较大危害的行为习惯。若儿童青少年出现此类问题请及时寻求专业人员的帮助。

以下三种是较为常见的健康危险行为：

（一）吸烟

一项全国范围内的调查显示初中学生烟草使用率为6.9%，其中男生为11.2%，女生为2.2%，男生烟草使用率是女生的5倍，并且烟草使用率随年级增高呈明显的上升趋势。

大量科学证据显示，青少年吸烟会立即对其呼吸系统和心血管系统产生严重的危害，并且会加速其成年后慢性病的发生。由于尼古丁具有强致瘾性，80%的青少年吸烟者步入成年后会继续吸烟，且难以戒断。

（二）饮酒

一项调查显示初中男生的饮酒率为11.82%，其中男生为10.15%，女生为8.56%；高中男生的饮酒率为28.02%，其中男生为32.05%，女生为23.33%。

饮酒行为正在全球范围内呈低龄化趋势，青少年的生理和心理都未发育成熟，酒精导致的后果往往更严重。酗酒不但对青少年生长发育有不良影响，而且因饮酒引发的冲突和意外伤害屡见不鲜。

（三）易成瘾物质的滥用

这里的易成瘾物质主要包括具有成瘾性的镇静安眠类药物和毒品。擅用镇定安眠类药物指在没有医生指导的情况下，使用过安定等镇静催眠类药物。毒品指冰毒、摇头丸、大麻、可卡因、海洛因、鸦片等。

1. 吸毒　一项调查显示青少年学生吸毒率为0.72%，男生高于女生，高中生高于初中生及大学生。吸毒人群中，13岁前使用毒品的人数占比为62.71%。对于吸毒人群，应及早进行教育并开始戒毒训练。

2. 安眠药　一项调查显示安眠药擅自使用率为6.11%，男生使用率7.36%，女生5.07%，男生使用率高于女生；高中生使用率为6.71%，初中生6.39%，高中生使用率高于初中生，初中生使用率高于大学生（2.8%），应对学生加大心理健康教育，对睡眠困难的学生开展心理疏导，必要时到专科医院进行诊疗，在医生的指导下使用安眠药物。

针对儿童青少年的这些健康相关不良行为习惯，只有学校、家庭共同努力，持之以恒，全社会各行各业努力创造有利于健康行为习惯养成的氛围，才能达到健康行为管理的目标。

（崔　丹）

第七章

儿童青少年安全运动与健康管理

儿童青少年的健康状况和行为生活方式对成年期健康具有深远影响。活泼好动的儿童青少年成年后可能更为健康。心脏病、高血压、2 型糖尿病和骨质疏松等慢性疾病的危险因素或许都形成于幼年时期。规律性运动不仅可以增强心血管功能，促进肌肉骨骼健康，对儿童青少年心理健康（如焦虑、抑郁、自我意识）、学习成绩和在校行为都有积极影响（图 7-1）。

图 7-1　儿童运动

第一节　儿童青少年运动的种类和选择

儿童青少年进行体育锻炼时，一份完整均衡的锻炼计划应该包含心肺适能（心肺耐力）、肌肉适能、柔韧适能的训练。忽视任何一项都会使运动计划失去平衡。

一般来说，身体健康的儿童青少年在运动前不需要咨询医生或身体检查。但是，如果儿童患有心脏病、哮喘、糖尿病等疾病和肥胖现象，最好听从医生的建议。如果参加竞技性体育项目，要保证身体条件允许，没有禁忌证。

一、心肺耐力运动

（一）什么是心肺适能

心肺适能也称为心肺耐力，综合反映人体摄取、运输和利用氧的能力，是保证日常各类活动的一项重要基础体能，也是体质健康组成的核心要素。儿童青少年心肺适能对维持其生长发育和身心健康有重要影响，是未来心血管疾病发病和死亡风险、全因死亡风险的重要预测因子。各种原因造成的未成年死亡，常常归因于心肺适能低下。因此，提高心肺耐力，是预防儿童青少年肥胖，控制心血管危险因素，防治成年时期多种慢性疾病的重要策略。

心肺耐力很大程度上受遗传影响，但低水平的心肺耐力和心血管疾病风险均可通过增加体力活动而修正。近 10 年来，全球儿童青少年心肺耐力平均下降了 0.41%。最主要原因在于儿童青少年大强度活动量明显下降。有氧运动是促进心肺耐力的最有力因素。

（二）什么是有氧运动

有氧运动指机体在氧供充足的情况下，由能源物质氧化分解提供能量所完成的运动。特点是有大肌群参与，以重复或有节奏的方式进行，且持续时间较长。常见的有氧运动有：步行、慢跑、快跑、滑冰、游泳、骑自行车、健身舞、韵律操、非竞技球类（网球、篮球、足球等）（图 7-2）。有氧运动对于促进健康，尤其是对提高心肺耐力有重要意义，并可以燃烧大量热能，保持理想体重。一项对 7 287 名 3~12 岁健康儿童的随机对照试验发现，基于学校的有氧游戏和有氧运动干预有助于提高儿童心肺耐力。

（三）一次有氧运动的组成

有氧运动包括热身、耐力训练和放松三个主要部分。热身和放松是连接安静状态和运动状态的重要环节。

1. 热身活动　热身的目的是增加肌肉温度，调动心肺系统，为即将开始

图 7-2　有氧运动

的耐力训练做好准备。一般进行至少 5~10 分钟的低到中等强度的运动。可以做健身操,或与正式训练动作类似,但强度较低的活动。例如,如果训练阶段是激烈的跑步,那么在热身阶段进行慢跑就比较合适。

2. 耐力训练阶段　耐力训练阶段的核心遵循 FITT-VP 原则,FITT-VP 是运动频度(frequency)、运动强度(intensity)、运动时间(time)、运动类型(type)、运动量(volume)和运动进度(progression)的英文字母缩写。一般建议如下:每周锻炼 3~5 天(频度),以中到大强度(强度),每次运动持续 20~30 分钟,或更长(运动时间),以大肌群活动(活动类型),每周合计消耗 1 000 卡路里(运动量),随时间逐渐加量(进度)。另外,定期监测心肺适能,有助于确定当前体适能状态,还可以确定有氧运动方案的有效性。

3. 放松活动　指为了让身体各功能系统逐渐恢复到运动前的水平。训练阶段的强度越高,放松的时间则越长。如果骤然停止运动,工作肌的血液量增加,会积聚在下肢,从而导致血压降低。放松活动与热身很相似,只是强度需要逐渐降低至安静水平。一般是 5~10 分钟,低至中等强度的运动。

Tips:运动强度的判定

运动必须对心肺系统施加一些压力。也就是说,必须感到心率和呼吸频率增加。中等强度活动相当于快步走,较大强度相当于慢跑或跑步。此外,有很多简单的方法可以确定运动强度。

(1) 主观运动强度判定法:即自己判断运动时的费力程度。采用 0~10 级标准量表。静坐是 0 级,最大强度运动可判定为 10 级。中等强度的运动可以是5级或6级。大强度运动在量表上对应的可以是7级或8级。

(2)说话测试法:运动时呼吸加快,但说话时并没有大口喘气,那么这时候就可能是中等强度。较大强度的表现是气喘吁吁,甚至不得不停下来喘口气才能说几句话。运动中虽然讲话有些喘气,但还可以唱出歌,这种强度都是适宜的运动强度。

(3)心率监测:最大心率=220-年龄。依据目标强度来决定最大心率的百分比。可以依据以下公式来设定目标强度。适宜强度的运动心率=最大心率×(60%~80%)。

Tips:运动时间的确定

运动时间依据运动强度有所不同。一般来说,1分钟大强度运动量等同于2分钟中等强度运动。例如,15分钟跑步与30分钟步行对健康的功效大体相当。刚开始锻炼且体适能中等以上者,重点是把中等强度有氧运动的时间从每周150分钟增加至300分钟。WHO建议,5~17岁儿童青少年每天至少累积进行60分钟中等强度以上的活动,而60分钟之外的活动能够带来额外的健康效益。

二、抗阻训练

(一)什么是肌肉适能

肌肉适能包括肌肉力量、肌肉耐力和爆发力。肌肉力量指肌肉或肌群所能够产生的最大力量,即一次举起大重量的能力。肌肉耐力指肌肉或肌群在一段时间内重复发力,或维持一段时间收缩的能力。爆发力指在极短时间内爆发出最大肌力的能力。肌肉适能对每个人来说都非常重要。

(二)肌肉适能运动——抗阻训练

抗阻训练,又称力量训练,指一种有组织的、利用各种阻力以增强肌肉适能的运动过程,是完整体适能训练方案的基础要素。低龄儿童抗阻训练的目的是,在耐力、柔韧性和灵敏协调能力等体适能全面发展的前提下提高骨骼和肌肉的力量。对处于身体快速发育期的青春期少年而言,除了增强肌肉力量和体积,抗阻训练还会带来其他健康益处,包括改善身体成分,增加骨量,控制血压,改善神经肌肉控制能力,提升个人形象,增加自信,在体育竞赛中表现得更好等。

许多人担心儿童进行抗阻训练可能会损伤骨骺,从而导致生长停止。还有一些学者认为,低龄儿童无法获得力量增长。事实上,抗阻训练的危险性并不比其他的儿童体育项目高。抗阻训练不仅不会带来风险,反而能够降低儿童受伤的风险。国内外很多学者支持儿童进行设计合理的、监护到位的抗阻训练。WHO全球体力活动指南推荐5~17岁的儿童青少年除了每天至少累积

60分钟中等以上强度的运动之外，每周还应进行3次强健骨骼和肌肉的活动。《中国儿童青少年身体活动指南》推荐6~17岁儿童青少年进行增强肌肉力量、骨骼健康的抗阻训练。

低龄儿童也能够参与力量训练，例如俯卧撑（改良版）和仰卧起坐。国内外都有对7~8岁儿童进行抗阻训练的报道。一般来说，适宜儿童的训练器械有：橡皮管、弹力带和专为儿童设计的器械。

（三）抗阻训练方式

儿童青少年常见的抗阻运动项目有：引体向上、仰卧起坐、俯卧撑、高抬腿、后蹬跑、两头起等自体重训练，以及哑铃操、健美训练等（图7-3）。还可以通过攀岩、跳跃等加强肌肉适能。抗阻方式主要有：

图7-3　抗阻运动

1. 自体重　如俯卧撑、引体向上和卷腹，是传统的力量训练模式。

2. 自由重量　如利用杠铃和哑铃等器械，可以做多种练习。

3. 固定器械　从健康和方便的角度，固定器械能提供有效的抗阻训练。

4. 其他　如平衡球、健身球和弹力带，可作为固定器械和自由重量练习的有效补充。

（四）抗阻训练组成

抗阻训练包括热身活动、正式抗阻训练和放松活动。

1. 热身活动　热身活动包括5~10分钟低到中等强度的有氧活动和肌耐力活动（低阻力多重复次数，如10~15次重复）。这些活动可以提高体温，使身体符合正式抗阻训练的要求。

2. 抗阻训练　训练方案应包含主要肌群的训练——胸部、肩部、手臂、上背和下背、腹部、臀部和腿部肌群。还应训练拮抗肌群，以保持肌肉平衡（例如，做完腰部练习，接着做腹部练习）。对青少年来说，选择一个可以在每组重复8~12次的重量，用正确的技术完成8~10次/组，做2~4组（初练者做一组就可提高肌力，同时能降低肌肉疼痛），组间休息2~3分钟。每组练习需达到肌肉疲劳点，而非筋疲力尽。低龄儿童则可以通过攀岩、引体向上、仰卧起坐、俯卧撑(改良版)、跳跃、健美训练等加强肌肉适能。

3. 放松活动　放松活动使身体各系统恢复到静态水平。以低强度有氧运动和肌耐力活动为主,逐渐安全地降低心率和血压。

(五)抗阻训练注意事项

1. 每周有间隔地进行 2~3 天的抗阻训练,也可以采用分段训练的方式。例如,星期一和星期三训练下肢力量,星期二和星期五训练上肢力量。保证同一肌群两次抗阻训练之间休息 48 小时,有助于肌肉恢复。

2. 不断改进运动计划,以利于长期适应。

3. 运动顺序　一般来说,大肌群训练安排在小肌群之前,多关节运动安排在单关节运动之前。可以在训练的前半部分,当神经肌肉系统不那么疲劳时,进行更具挑战性的练习。

4. 肌力训练时,举起和落下的动作应该以可控的、适度的速度进行。使用相对较轻的重量时,有意识地放慢速度(如,举起阶段用时 5 秒,落下阶段用时 5 秒),对提高肌耐力有效。

三、柔韧性运动

由于学习时间长,压力大,学龄儿童长时间处于伏案的姿势,会导致肩膀前倾(肱骨内旋)以及颈肩部僵硬和疼痛。因此,学龄儿童经常动态或 / 和静态地伸展胸部、肩膀、颈部和臀部尤为重要。

(一)什么是柔韧性

柔韧性指关节在其最大活动范围内移动的能力。柔韧性的价值体现在日常活动中,例如弯腰系鞋带,转头看人,从后背拉拉链。良好的柔韧性有助于增强运动技术水平(例如,跑步时让步幅更大一点)。影响柔韧性的因素包括年龄、性别、关节结构和体力活动水平。女性大多数部位关节的运动范围比男性大一些。但男性躯干的运动范围比女性大。

(二)柔韧性运动——拉伸

拉伸指针对关节,肌肉、肌腱、韧带在其活动范围的运动。推荐将拉伸作为完整运动计划的重要组成部分。可以通过各种拉伸动作来提高柔韧性。和抗阻训练一样,柔韧性训练是针对特定肌群和关节进行拉伸。因此,针对性训练很重要。

(三)拉伸训练模式

常规柔韧性训练一般在 5 分钟的热身活动之后进行,或者在心肺耐力训练,或抗阻训练后进行。一般来说,花 10 分钟就能很好地完成颈部、肩部、背部、髋部、臀部以及腿部等主要肌群的拉伸。FITT-VP 原则也适用于柔韧性训练。

1. 频度　每周至少2~3天(最好每天)进行拉伸。

2. 强度　拉伸是在关节运动范围内温和地进行,以没有感到不适为尺度,拉伸绝不应该造成疼痛。如果引起疼痛,就减少拉伸幅度。

3. 时间　每个关节拉伸累计60秒。可通过重复几次持续时间较短的拉伸来完成。例如,重复两次30秒钟,或者重复4次15秒钟的拉伸。一般来说,每次10~30秒,重复2~5次。没有研究表明,拉伸时间更长有额外的益处。

4. 训练模式　拉伸主要有两种:静态拉伸和动态拉伸。

(1) 静态拉伸指缓慢移动关节到达一个感觉紧张的点,然后保持10~30秒,重复2~4次,每次累计拉伸60秒。由于静态拉伸会削弱肌肉的力量、爆发力或肌肉耐力,因此,静态拉伸大多在运动之后,作为放松活动的一部分进行。在正式训练结束后,不妨使用静态拉伸来提高柔韧性。此时,肌肉骨骼系统的温度较高,是做静态拉伸的有利时机。

(2) 动态拉伸指通过全方位的运动来移动身体的各个部位,以可控方式逐渐增加运动范围和速度。例如,手臂绕环,开始时可以缓慢地划小圆,逐渐划大圆,并加快速度,直到达到肩关节的最大活动范围。动态拉伸通常重复5~12次,也可以根据具体运动而定(大约30~60秒)。动态拉伸可以在一般性热身之后,正式运动之前进行。在热身活动后,进行动态拉伸,能帮助加大运动幅度,提高心率,增加肌肉、肌腱和韧带的血流量,减少运动伤害,并为接下来的锻炼做好准备。

第二节　儿童青少年运动形式和科学原则

无论年龄大小,规律性运动都是促进健康的关键因素。但是,儿童青少年并不是成年人的缩小版,他们的运动和成年人有所不同。生长发育是儿童青少年所特有的生理现象,整个儿童青少年时期,生长既是连续的,又是不匀速的,具有阶段性和循序渐进的连续过程。充分考虑儿童青少年的生长发育规律,针对不同年龄、不同性别的儿童青少年采用相应的运动计划非常重要。

一、学龄前儿童的运动形式和科学原则

(一) 学龄前儿童的身体特点

学龄前儿童肌肉尚未发育完全,肌肉组织弹性好,富有水分,但能量储备差。因此,肌肉疲劳发生较成人快,且力量和耐力都差。骨骼的弹性和柔韧性较大而硬度较小,不易骨折而容易弯曲变形。关节软骨相对较厚,关节囊、韧

带的伸展性大，但牢固性较差，较易脱位。

儿童时期心血管系统的发育尚未完善，心脏的容积和体积较小，年龄愈小，心率愈快，每分钟可达70~92次。儿童的新陈代谢旺盛，需氧量比成人多，但是呼吸肌力量较弱，呼吸深度较浅，呼吸频率比成人快。运动时，主要是通过增加呼吸频率（可达50~60次/分）来加大通气量。又因胸廓窄小，呼吸肌力量弱，摄氧量较成人少。这就导致了儿童在活动时不能负荷太大，应注意安排间歇时间。

4~6岁儿童脑的发育仍较迅速，大脑发育和大脑功能逐渐完善，初步具备分析综合能力。儿童的动作、语言、认知能力及情感、意志和社会化过程进一步发展起来，但情绪调节性差，易激动。大脑神经细胞很容易疲劳，故儿童精力不易集中。

（二）学龄前儿童运动的基本原则

1. 循序渐进与全面锻炼　这是儿童锻炼的基本原则。例如活动量由小到大，动作难度由低到高。全面发展包括力量、速度、灵敏、平衡、耐力、柔韧、协调等基本素质，也包括走、跑、跳、爬、攀登等基本活动技能。动作发展高峰理论认为，0~6岁是儿童基本运动技能形成阶段。基本运动技能包含了很多爆发式动作，如抛、踢、击、跳、跑。这些运动和游戏能够促进儿童力量素质的提升。

2. 适度运动　学龄前儿童的活动模式是随意且间歇性的。儿童不宜进行大强度训练。大强度、长时间的活动，会使儿童心脏负担过重。每次活动时间不宜过长，且活动时宜多间歇。对于体弱儿和慢性病患儿，应在锻炼的频率和强度上有所降低，最好制定专门的锻炼计划。对于急性病患儿则应暂停锻炼。

3. 以体育游戏为基本形式　学龄前儿童的活动主要是锻炼灵活性和协调性。一般具有一定的情节、规则、娱乐性和竞赛性。大自然是学龄前儿童体育活动的最佳场所，尽可能到户外进行多种形式的锻炼（图7-4）。

4. 组织方法丰富多样，活动过程灵活应变　学龄前儿童的活动主要用于培养儿童运动兴趣，养成运动习惯。运动不要过于单一。家长和教师可通过表情、语言等吸引儿童参与活动。

5. 培养正确姿势，以免损伤和畸形　不宜让学龄前儿童拎重物，玩具不能过重。为了保护和促进儿童足弓的正常发育，应给他们提供宽松、合适的鞋子，以软底为宜，可以适当让儿童光脚在沙坑或鹅卵石上行走或玩耍。

6. 注重补充营养素　锻炼会增加热能的消耗，应适当增加各种营养素的补充。

图 7-4 户外体育游戏

二、学龄期儿童的运动形式和科学原则

（一）学龄期儿童的身体特点

学龄期儿童体格发育稳步增长。除生殖系统外，其他系统器官的发育接近成人水平。但是，支配心肺的神经在 10 岁以前尚未发育完善，心率和脉搏不规律。10 岁以后，心率和脉搏才逐渐稳定。骨骼肌肉系统发育迅速，但发育尚未固定，也不成熟。此时儿童的肌肉含水分多，柔软松弛，小肌群发育落后于大肌群，手部小动作精确性较差。由于骨内含钙质较少，富于弹性，容易弯曲，不正确的姿势常会导致骨骼发育畸形。

学龄期又是儿童智力发展的时期，12~13 岁儿童的脑重量已接近成人。学龄期儿童模仿能力强，但注意力不稳定，容易被新奇的刺激所吸引，好奇心强。但意志比较薄弱，主动性、独立性和坚持性较差。动作发展高峰理论认为，1~12 岁是运动技能发展的敏感时期。其中，7~12 岁是儿童基本运动技能的运用阶段。7~9 岁是力量发展的第一个可训练阶段，10~13 岁是速度力量发展的敏感期。应充分掌握儿童青少年力量发展趋势，科学安排力量训练。

（二）学龄期儿童运动的基本原则

1. 循序渐进，全面锻炼　发展儿童的反应速度和模仿能力，掌握正确的跑、跳动作，是培养和发展身体全面素质的关键。速度、灵敏素质锻炼可多些，耐力、协调性动作少些。

2. 科学运动，因人而异 必须根据各年龄阶段男女性别的特点，科学运动。练习强度宜小，内容要多样化，活动期间的间隙要多些。可以安排趣味性较强的游戏类有氧活动，或者团队协作项目，如拔河等强化肌肉的运动。

3. 科学安排力量训练 青春期前，力量练习对肌肉形态的影响很小，主要通过改善神经肌肉协调性来提高肌肉力量。可采用小负荷进行抗阻练习。推荐力量训练以动力练习为主，少用或不用静力性练习。不要过早强调与专项运动技术相结合，应着重全面发展力量训练。

4. 培养良好姿势 包括坐立、行走姿势，预防脊柱侧弯和驼背等身体畸形。

5. 运动与合理营养、优良品质相结合 运动会增加热能消耗，应适当增加各种营养素的补充。学龄期儿童的体育锻炼不仅为增强体质，也为儿童心理、智力发育打下良好基础。

三、青春期的运动形式和科学原则

（一）青春期的身体特点

青春期前后，骨化逐渐完成（20~25 岁骨化才完全）。身体各系统的发育已逐渐成熟与完善，表现为肌肉发达，体力和各种活动能力（耐力、灵敏、精确度）增强，18~19 岁少年运动水平已与成人相似。青春期体育锻炼的目标：①培养青少年参加运动的兴趣和习惯，这有助于培养他们坚韧不拔、乐观开朗的性格和品质，完善社会化行为；②掌握体育知识和技能，增强体质，提高走、跑、跳、平衡等基本运动素质，学会运动技能和训练方法；③培养青少年团体意识和拼搏精神，及自觉遵守规则的习惯。

（二）青春期运动的基本原则

1. 循序渐进、全面锻炼 全面锻炼指利用各种适宜的运动项目，促进青少年力量、速度、灵敏性、耐力、柔韧性、协调性和平衡性等素质全面发展。研究指出，女孩 15~17 岁、男孩 18~19 岁是绝对力量发展的敏感期，可采用大负荷进行抗阻练习。

2. 系统学习运动技能 培养学生长期运动的习惯，选择相应的运动项目，学会运动技能。培养良好的姿势，防止脊柱弯曲。注意加强足部弹跳，锻炼足弓承担体重能力，预防扁平足发生。

3. 注意性别特点 研究发现，儿童青少年的心脏各项指标无明显性别差异。但是，心脏形态结构从 11 岁开始，心脏功能从 13 岁开始出现性别差异。男童的心脏功能发育从 9~10 岁开始，形态结构发育从 11~12 岁开始，各个指标高于女童。而女童的心脏功能和形态结构同步发育，分别在 9~10 岁及 13~14 岁出现发育高峰期，呈现双峰状态。由此提示，应该充分考虑儿童青少年的生长发育规律，针对不同年龄不同性别采用相对应的运动干预方案。进入青春期后，男女间生理和心理逐步出现显著的性别差异，健身需求也可能有性别差异。例如，由于体型差异，女生奔跑、跳跃能力不如男生，但平衡能力和柔韧性占明显优势。男生和女生对肌肉适能的要求不同，可以分别制定锻炼计划。男生通过抗阻训练发展肌肉力量和肌肉耐力时，女生可以通过低负重、多重复的自由重量发展肌肉耐力。由于男女差异，中学阶段应为男女生分别选择适宜的运动项目，确定运动量和体育成绩要求。

4. 月经期运动保健　经期适当运动有利于经血排出，防止痛经。月经正常的女生在经期可适当减少运动量，锻炼时间不宜过长。特别是月经初潮不久的女性，由于月经周期尚不稳定，运动量不宜过大。月经异常女生在经期可暂免体育活动。

第三节　儿童青少年运动处方

本节介绍儿童青少年每个发育阶段，从婴儿到青春期后期（0~17 岁）的体力活动指南，包括体力活动的频率、强度、时间和类型。

一、婴儿期（0~1 岁）

从出生那刻起，婴儿就开始活动和探寻周围世界（图 7-5）。婴儿开始发展并不断重复一些动作模式。如果长期处于狭小或受限的空间（如婴儿座椅或围栏里），婴儿学会翻身、坐、爬、站立等基本动作就会延迟。婴儿需要更多机会去尝试不同的身体活动，从而促进动作技能和运动能力的发展。新的动作技能也帮助婴儿逐渐适应周围的环境。

婴儿运动的 FITT 四要素

1. 运动频率　婴儿需要每天保持足够的体力活动。

2. 运动强度　由婴儿决定。如果婴儿不想玩了，就会哭或看向别处。父母或看护人可以通过表情、语言、肢体动作或色彩鲜艳的玩具等尽量逗婴儿玩耍。

3. 持续时间或总时间　只要婴儿清醒时，尤其是注意力集中和心情愉快时，父母或看护人都应该陪婴儿玩耍。

4. 运动模式或类型　鼓励婴儿做那些能促进基本动作技能发展的各种日常身体活动，例如伸手、抓握、按压、推、拉、爬、坐、站和迈步等动作。适合婴儿的游戏有拍手和躲猫猫。父母或看护人可以把色彩鲜艳的玩具放在婴儿旁边或眼前，这样他们可以抓到。

图 7-5　婴儿身体活动

Tips：

（1）婴儿玩具必须无毒、没有锋利的边角，防止小玩具或者小零件让婴儿吞食。

（2）供婴儿爬行或玩耍的垫子至少要 1.5m × 2m 大小。

二、幼儿期（1~3 岁）

1 岁左右，幼儿开始学习走路。一旦学会走路，幼儿的基本动作技能，如走、跑、跳、投、抓、踢等，就可以很快提高，而这些动作技能是构成各种体力活动的基础。规律地进行与年龄和发育水平相适应的体力活动能够促进幼儿心肺耐力、力量、平衡和柔韧性发展，并让幼儿更加自信（图 7-6）。

幼儿期运动的 FITT 四要素：

1. 运动频率　每天应进行多次、短时间中到较大强度的体力活动。除睡觉外，幼儿静坐时间不该超过 1 小时。

2. 运动强度　由儿童自己决定。推荐中到较大强度。

3. 持续时间或总时间　每天至少进行 30 分钟结构性体力活动和 60 分钟（甚至数小时）非结构性体力活动。

4. 运动模式或类型　结构性体力活动一般由家长或看护人安排设计。如，舞蹈、节律操、障碍赛跑和追逐游戏等。非结构性体力活动是幼儿自发的活动，例如在游乐场玩耍、骑脚踏车或玩滑板、玩沙子、陪小动物玩耍等。这些活动应该丰富多彩，能够吸引幼儿参与。

图 7-6　幼儿身体活动

Tips：

（1）幼儿活动场所应达到安全标准，环境设施应保证无毒无污染，避免坚硬的材质碰伤幼儿。

（2）应保证幼儿活动场地宽敞，这样才能促进大肌群动作的发展。

（3）幼儿活动场所要适合儿童、有吸引力。

（4）每个幼儿的室内活动空间至少 $3.3m^2$，户外活动空间 $7m^2$ 以上。

三、学龄前（3~5 岁）

学龄前是学习和发展基本运动技能的最佳时期。这一时期的动作技能发展将会影响孩子一生。基本运动技能包含了很多爆发式动作，如抛、踢、击、跳、跑（图 7-7）。这些大肌群动作技能既是儿童动作学习的结果，也能促进儿童力量素质提升。指导学龄前儿童进行体力活动时，要考虑许多因素，包括年龄、发育水平、个人能力和动作技能发展水平。

图 7-7　学龄前儿童身体活动

学龄前儿童运动的 FITT 四要素

1. 运动频率　每天运动。除睡觉外，学龄前儿童静坐不动的时间不应超过 1 小时。

2. 运动强度　由儿童自己决定。推荐中到较大强度。

3. 持续时间或总时间　每天累计进行结构性体力活动至少 1 小时。尽管学龄前儿童已经能长时间（30~45 分钟）参与和自身发育水平相适应的结构性体力活动，但最好一天中分散多次进行时间较短的活动，中间夹杂简短的休息，每次活动时长为 6~10 分钟。此外，每天还应进行 60 分钟到数小时的非结构性体力活动。

4. 运动模式或类型　适合学龄前儿童的结构性体力活动有很多，包括：①发展动作技能和控制能力的跨越障碍训练；②提高力量和柔韧性的动物模仿游戏；③增强有氧能力的心肺耐力训练。模仿游戏包含多种动作模式，例如，伴随节拍跳舞，请你跟我这样做等。

适合 3~5 岁学龄前儿童的非结构性体力活动有：在操场上爬单杠、用球拍击球、在斜坡上上下奔跑、骑玩具车（要戴安全头盔）、追泡泡等。主动游戏是一种很适合学龄前儿童的活动方式，如角色扮演、寻宝、动作模仿（如模仿马奔跑）等。

Tips：

（1）学龄前儿童的活动场所要足够大，能容纳孩子自由玩耍和跑、跳、踢球等。

（2）理想情况下，每个儿童至少有 3.3m^2（室内）和 7m^2（户外）活动空间。

四、学龄期（6 周岁后到青春期萌发开始之前）

与学龄前儿童不同，学龄儿童除了有氧耐力活动，还应包含强健骨骼和肌肉的活动。WHO 建议，5~17 岁儿童每天 60 分钟的体力活动应包括至少每周 3 天的肌肉力量训练。常见的有氧运动项目包括：步行、慢跑、快跑、滑冰、游泳、骑自行车、健身舞、韵律操、非竞技球类（网球、篮球、足球等）。运动时，会感觉到自己呼吸加快、心跳加速。对于儿童青少年来说,随着体力增加可以进行一些强度较大的运动。

(一)提升有氧能力的运动 FITT 四要素

1. 运动频率　每周至少 3 次,最好每天运动。

2. 运动强度　中到大强度。根据能量消耗水平不同,学龄儿童的一些活动,如骑自行车,既可以归类为中等强度,也可以归类为大强度。

3. 持续时间或总时间　至少 60 分钟。在 60 分钟的活动时间内,要求大部分都应该是活动状态。

4. 运动模式或类型　推荐有节奏、大肌群参与的体力活动(图 7-8)。适合学龄儿童的有氧运动中,中等强度的活动有:徒步、滑板、轮滑、骑自行车、快步走等。大强度的活动有:奔跑或追逐游戏(例如追赶游戏)、骑自行车、跳绳、武术(如拳、剑、跆拳道等)、跑步等。体育专项运动有:足球、篮球、游泳、网球、越野滑雪等。非结构性体力活动包括步行、骑自行车、做家务活,例如扫地或洗车。

图 7-8　学龄期运动

(二)提升肌肉适能和骨骼健康的运动 FITT 四要素

提升肌肉适能的游戏和抗阻训练可作为运动的组成部分。最基本训练目标是主要肌群(腿、臀、背、腹、臂、胸、肩)。抗阻训练每周进行 2~3 次,两次训练至少间隔一天,以便使肌肉有恢复的时间。选择适当的训练动作,每个动作做 3 组,每组重复 8~15 次。由于骨量峰值出现在青春期前和青春期,儿童进行负重训练对骨骼健康有积极影响。同抗阻训练一样,强健骨骼的运动也应作为 60 分钟体力活动的一部分,每周至少 3 天。高冲击力运动,例如跑、跳、篮球,既增强肌肉力量,也利于骨骼更强质密。

适合儿童强壮肌肉的运动有：拔河游戏，俯卧撑（膝盖支撑），自体重或弹力带抗阻训练、爬绳子或爬树，仰卧起坐、卷腹、屈膝仰卧起坐，在操场器械或单双杠上悬吊。

适合儿童强壮骨骼的运动有：跳房子一类的游戏（图 7-9），跳跃，跳绳，跑步等。

图 7-9　跳房子游戏

儿童抗阻训练的注意事项：训练过程中需要成年人监督指导；必须保证儿童能听从指令行事；应指导儿童从小重量开始；随着力量增长再逐渐加大重量，所有动作都要有控制地进行；不能以最大重量进行训练，而应控制在中等强度；儿童抗阻训练最重要的是掌握正确的技术动作，并且把关注点放在自身的变化上，而不是举起多大重量上；热身和放松是每次力量训练必不可少的组成部分。

五、青春期（从青春期萌发到成年女 12~18 周岁，男 13~20 周岁）

推荐青少年每周有 3~5 天，最好每天进行最少 60 分钟到数小时的中等强度以上且与发育水平相适应的体力活动。只要参与体力活动就有益健康。

（一）提升有氧能力的运动 FITT 四要素

1. 运动频率　最好每天，或每周 3~5 天进行运动。避免每天超过 2 小时静坐不动。

2. 运动强度　中到大强度。

3. 持续时间或总时间　至少 60 分钟。在 60 分钟的活动时间内，要求大部分都应该是活动状态。

4. 运动模式或类型 推荐有节奏、大肌群参与的体力活动(图 7-10)。其中中等强度活动有:划船、徒步、滑板、轮滑、骑自行车、快步走、做家务,例如扫除或洗车等。大强度活动有:奔跑或追逐游戏、骑自行车、跳绳、武术(如拳、剑、跆拳道等)、跑步。体育专项运动有足球、篮球、游泳、网球、越野滑雪、激烈的舞蹈等。

图 7-10 有氧运动

(二)提升肌肉适能和骨骼健康的运动 FITT 四要素

每天 60 分钟的体力活动应包括至少每周 3 天的肌肉力量训练。最基本训练目标是全身主要肌群(腿、臀、背、腹、臂、胸、肩)。适合青少年强壮肌肉的活动有:拔河、骑自行车、攀岩、仰卧起坐(卷腹、屈膝仰卧起坐)、俯卧撑或引体向上、使用弹力带 / 自由重量或器械进行抗阻训练(图 7-11)。强壮骨骼的运动有:跳跃、跳绳、跑步、专项体育运动,如体操、篮球、排球、网球等。

图 7-11 青春期强壮肌肉的活动

Tips：为了鼓励儿童青少年参加运动，家长的角色十分重要！家长的支持与督促可以增强儿童参加锻炼的积极性。与孩子共同参加一项体育锻炼，不仅对家长的健康大有增益，还能培养与儿童青少年间的情感，教会儿童努力拼搏的体育精神。建议家长与儿童青少年共同制定一个家庭成员体力活动的清单。全家第一个累计达到300分钟体力活动的人有权决定下周末的家庭活动（如去商场购物、在公园野餐）。也可以把看电视的时间换成体力活动，还能减少看电视吃零食带来的能量摄入。

老师是儿童青少年成长过程中重要的引导者，学校应该采用多种方法吸引他们多进行户外运动，营造良好的运动氛围。例如，用色彩鲜艳、功能丰富的设备将校园内的运动场地装饰一番，可以提高儿童青少年参与活动的兴趣。

（邓士琳）

第八章 儿童青少年生命安全与视力健康管理

视力健康指在不患眼疾和没有视疲劳等异常症状的前提下，视觉生理与视觉心理正常及视觉社会适应良好。按照这个标准，可根据人们的视力健康状况将人群分为“健康”“亚健康”“不健康”三类。儿童青少年时期是屈光不正（近视、远视、散光）的高发期，当今，对儿童青少年视力健康影响最大、发生率最高的就是近视相关问题。

视力健康管理指以人的视力健康需求为导向，变被动的“查病 - 治病”为主动的健康维护和健康促进，通过对个体和群体的视力健康状况及各种危险因素进行全面监测、分析、评估和预警，提供有针对性的视力健康咨询和指导服务，并制定相应的健康管理方案和措施，协调个人、组织及社会的行为，针对各种危险因素进行系统干预和管理的全过程。

第一节 儿童青少年视力健康现状与危害

一、儿童青少年视力健康现状

在2015年召开的第15届国际近视眼研究大会上公布的调查数据显示：各国近视率目前均呈现逐年上升趋势，特别值得注意的是，中国、日本、新加坡等亚洲东部国家近视发生率远高于全球其他地区。欧美地区近视率约为20%~40%，而中国台湾、中国香港地区近视率高达80%以上。

2015年北京大学中国健康发展研究中心发布的《国民健康视觉报告》显示：2012年中国5岁以上人群中，近视和远视的患病人数约为5亿，其中近视人数在4.5亿左右，而患有高度近视的人数达3 000万。高中生和大学生的近视发病率都已超过70%，中国青少年近视发生率已经高居全球第一位。如果没有有效的政策干预，将来在航天航空、精密制造、军事等行业领域，符合视力要求的劳动力可能面临巨大缺口，这将直接威胁中国经济社会可持续发展和国家安全。

2018年国家卫生健康委公布的调查数据显示：中国儿童青少年总体近视

率已达到 53.6%,位居全球第一位,并呈现低龄化、重度化趋势。其中,6 岁儿童为 14.5%,小学生为 36%,初中生为 71.6%,高中生为 81%,而高三年级学生高度近视在近视总数中占比已达到 21.9%(图 8-1)。

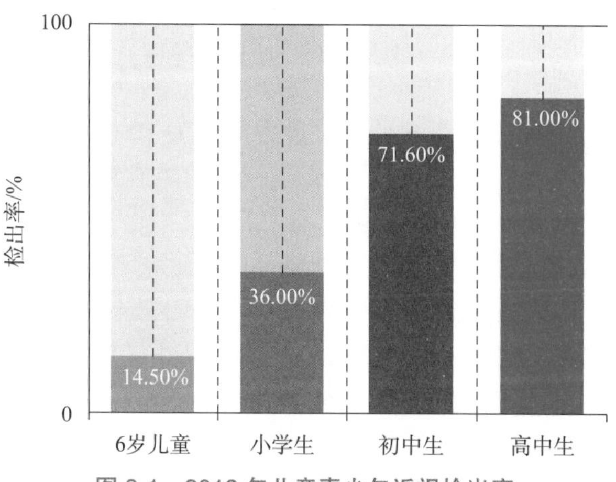

图 8-1 2018 年儿童青少年近视检出率

中国的征兵体检视力标准从 2000 年至 2008 年间曾 3 次放宽对视力的要求,至 2014 年,征兵视力体检标准已下调至右眼 0.4,左眼 0.3。2018 年就连体检标准最为严苛的战斗机飞行员的视力标准要求也开始放宽至 0.8 了。

2018 年 8 月,习近平总书记就青少年视力健康问题作出重要指示,要求要结合深化教育改革,拿出有效的综合防治方案,并督促各地区、各有关部门抓好落实。全社会都要行动起来,共同呵护好儿童青少年的眼睛,让他们拥有一个光明的未来。

二、儿童青少年视力健康不良的危害

WHO 现已将近视归为造成全球人类视力损伤或致盲的主要原因之一。据调查,高度近视人群眼后节疾病的发病率为正常人群的 8 倍。在老年致盲眼病中,因高度近视引起的眼后节并发症致盲的平均年龄为 52.3 岁。这些并发症大都发生在眼后节部位,治疗起来比较困难。而框架眼镜、角膜接触镜、激光手术等近视眼矫正方法,也只是使用不同方法把不同类型的凹透镜放置在眼前节的不同部位,以起到矫正视力的作用,并不能解决近视眼,特别是高度近视眼眼后节产生的病理性变化,也降低不了近视相关并发症的发生风险。大部分高度近视并发症患者在治疗后仍然无法摆脱低视力(视力低于 0.3)的困扰,学习与生活会受到严重影响。

近视眼的病理性改变主要有:

1. 眼轴长度、巩膜改变 病理性近视眼随着度数不断加深，眼球自赤道部向后延伸，眼轴不断伸张变长，眼球最外层的巩膜组织的纤维不断被拉长，巩膜自赤道部向后明显变薄，当后段某一部位的眼球壁特别薄弱时，就表现为局部巩膜特别突出，巩膜下方的黑色脉络膜隐隐可见，形似葡萄，称作葡萄肿。后巩膜葡萄肿发生率与眼轴长度高度相关，据统计：眼轴长度为26~27mm者中，后巩膜葡萄肿发生率较小；眼轴长度>28mm者后巩膜葡萄肿发生率为85.7%；眼轴长度>30mm者后巩膜葡萄肿发生率为100%。后巩膜葡萄肿出现后，矫正视力差，并且会促进其他严重影响视觉功能或致盲的眼底疾病发生。

2. 晶状体改变及调节相关问题 绝大部分病理性近视都有或轻或重的晶状体浑浊，高度近视与晶状体浑浊相伴随。高度近视者眼内营养代谢不正常，使晶状体的囊膜通透性改变，晶状体营养障碍和代谢失常而逐渐发生浑浊，视力逐渐减退产生并发性白内障。高度近视眼的晶状体核性浑浊既影响其矫正视力，同时也因为晶状体浑浊后屈光指数增加而加深了近视眼的屈光度。

单纯性近视配戴眼镜后其调节状况同正视眼无异，但是，如果高、中度近视眼矫正不足或低度近视不戴矫正眼镜，看近处时不需要产生调节，这样就违反了正常人看近处时所具备的“调节、内聚（集合）、瞳孔缩小”三联征生理特性，反而觉得视物疲劳，久而久之出现调节能力下降或调节滞后，导致近视加深。如果长期不调节也可能导致集合不足，出现外斜视。

3. 玻璃体并发症 玻璃体液化、变性、浑浊、后脱离是病理性近视常见的玻璃体并发症。病理性近视随着年龄增长，玻璃体液化、变性、浑浊程度越来越严重。临床上最早出现的是由玻璃体液化浑浊所引起的飞蚊症，或因玻璃体对视网膜牵引所引起的刺激症状，如闪光感。裂隙灯下可见玻璃体正常网状结构被破坏，有形成分呈现出支离破碎的漂浮物。随眼轴不断延长，玻璃体与视网膜之间出现空隙，空隙由淋巴液填充，从而形成玻璃体后脱离。玻璃体后脱离是视网膜脱离的促进因素。

4. 视网膜及视神经改变 病理性近视（高度近视）眼底呈现豹纹状改变，视网膜不均匀地出现变薄（萎缩），颜色变浅，通过视网膜可以看到脉络膜，有的脉络膜也会出现弥漫性萎缩或局灶性萎缩，看到白色巩膜，所以眼底出现黄、黑、白相间的外观，即为豹纹状眼底。视网膜萎缩变性多呈格子样、铺路石样、囊样、色素样等，在玻璃体牵拉和外力的作用下，严重的萎缩变性会出现视网膜裂孔，发生在黄斑的称为黄斑裂孔。如果此时玻璃体液化也比较明显，液化的玻璃体的液体会通过视网膜裂孔流入视网膜神经上皮层与色素上皮层之间，造成视网膜脱落。

病理性近视眼轴不断延长，巩膜向后扩张，视乳头周围特别是颞侧脉络膜后移，露出灰白色弧线斑，也称为近视弧。亦可见后极部视网膜和脉络膜呈现广泛萎缩，露出白色巩膜，与视乳头颞侧近视弧联接起来，严重影响视力。黄斑本身没有血管，其营养代谢靠附近血管，病理性近视的脉络膜容易出现新生血管，进入黄斑，造成黄斑出血或变性。

5. 高眼压和青光眼　高度近视者的原发性开角型青光眼的发病率是正常人的6倍。高度近视，怎么和青光眼有联系了呢？这是因为二者具有共同的易感基因。高度近视和原发性开角型青光眼具有共同的糖皮质激素高敏感性，研究显示：高度近视和青光眼可能有共同的相关基因，如MYOC和SIX。高度近视与青光眼也可以互为因果。青光眼的高眼压使眼轴延长，会加重近视的发展；而高度近视引起的后巩膜葡萄肿，使眼底视神经筛板薄弱，导致近视对眼压的耐受程度降低，便容易罹患青光眼。高度近视对巩膜造成影响，还可导致房水流出受阻、眼压升高，也增加了高度近视者患青光眼的风险。

6. 弱视　虽然很多患者引起弱视原因是远视，然而有些时候近视也能引起弱视，例如：近视性屈光参差、单眼近视、很早出现的高度近视。所以对于这些情况的近视，要尽量矫正，以避免弱视的发生。

7. 斜视　近视眼容易出现斜视，绝大多数是外斜视，各种程度近视都能引起，这与近视眼看近处不需要调节，从而调节性辐辏不足有关。其临床特点为：通常为进行性发展。早期多有隐性外斜，如近视眼得不到及时矫正，会发展为显性外斜，在发展为显性外斜的过程中，会经历间歇性外斜阶段。

第二节　影响儿童青少年视力健康的主要因素

近视的发生机制比较复杂，影响因素众多，各种学说和看法目前也尚不统一，目前比较肯定的是：近视眼的发生与发展是遗传因素和环境因素交互作用的结果，而遗传因素对于不同类型的近视影响程度又有所不同。

按照近视的病程进展和病理变化，可将近视划分为病理性近视和单纯性近视（又称为学生近视）。目前的研究认为病理性近视眼的发生受遗传因素影响较大，环境因素为次因素；单纯性近视眼的发生与发展则主要受环境因素影响，遗传因素为次因素。

根据现代健康管理学观点，把近视这类非传染性的慢性病的影响因素归纳为：生物遗传因素、环境因素、行为生活方式因素与医疗卫生服务因素四大类。

一、生物遗传因素

（一）种族差异

在全球各大种族中，近视眼的发生有明显的种族差异。黄种人的近视率

最高,白种人次之,棕种人较白种人稍低,黑种人最低。相关调查结果还显示:

1. 同一种族在不同环境中,其近视率有很大差别　在美国的黑种人,近视发生率远高于在非洲发展中国家的黑种人。在新加坡的印裔近视率(68.1%)远高于在印度或马来西亚的印度人(11%与15.5%)。在新加坡的马来裔近视率(65%)也远高于在马来西亚的马来人(13.9%)。

2. 不同种族在相同环境中,其近视率也有很大的差别　在美国夏威夷的学生中,近视率仍以黄种人后裔为最高(华裔、韩裔与日裔),白种人次之,原住民(棕种人)最低。居住在马来西亚相同环境中的华裔近视率(45%)仍远高于印裔(16%)和马来裔(14%)。这说明造成种族差异的原因既有遗传因素也有环境因素,只是遗传因素的作用大于环境因素的影响。

(二) 家族史

近视眼的发生有明显的家族聚集现象,目前这已被大量调查研究所证实。

1. 近视的家系调查研究　双亲均有近视者,其子代近视眼发生率明显高于双亲仅一人为近视者;双亲之一为近视眼者又远高于双亲均无近视眼者。近视程度越高者,遗传率也越高。

2. 近视的双生子研究显示　同卵双生子的近视一致性高于异卵双生子,但仍明显低于100%。表明单纯性近视的发生既有遗传因素作用,也受环境因素影响。

综上所述,高度近视眼为常染色体隐性遗传,而单纯性近视眼则为多因子遗传,既服从遗传规律,也有环境因素的参与。

二、环境因素

(一) 视觉环境

视觉环境主要指人们生活工作中带有视觉因素的环境问题。人们在学习、生活和工作中的大量活动都需要有良好的光线,如果这些场所中的光环境不符合人眼的生理需求,就会危害人们的视力健康。

1. 动物实验显示视觉环境对视力健康的影响　近年来国内外学者将幼小动物放在人工设计的特殊视觉环境中进行喂养,用以观察视觉环境对眼球发育的影响。实验结果显示,已发育成熟的猴在同样的实验条件下喂养17个月,眼轴长度并未发生改变,而处于发育期的幼年猴却在同样的实验条件下被成功诱导出近视(眼轴增长和屈光度增加),这有力地说明了视觉环境对处于生长发育期学生的近视发生与发展有着重要影响作用。

2. 教室光环境对视力健康的影响　教室照明不仅对学生视力健康有很大影响,由于眼睛的非视觉效应,不同色温光源的光谱、光强度差异还会影响到学生的生理节律,使之产生兴奋或疲劳,影响学习效率和心理、生理健康。

照明设计、布局不合理,平均照度和照度均匀度不达标,使用的灯具简陋、老化、数量不足,发光效率低,存在眩光、频闪、维护不及时等问题,均会对视力健康产生影响。

3. 视频终端(带屏幕的电子产品)造成的不良视觉环境　国内外多项调查研究发现:儿童青少年近视眼显著增加的时间与全球电脑、电子产品的使用数量增加、时间延长的时间是一致的。当前,智能手机等各种带屏幕电子产品的普及已改变了人们的生活、娱乐方式,而频繁、不正确地使用此类产品更使人们的视觉健康受到威胁。视频终端有着与书本等界面不同的性质,其光照强度和刷新频率及眩光效应等均可对眼调节产生一定的干扰因素,主要表现在眼的调节灵活性下降、固视能力下降、视力暂时性减退、出现干眼症等,这些问题都会诱发近视产生,加速近视程度加深。而视频终端屏幕所发出的蓝光可以穿透晶状体,直接到达视网膜,导致视网膜色素上皮细胞衰亡,上皮细胞衰亡不仅会引起光敏细胞缺少养分从而引起视力下降,还会使黄斑区细胞的氧化加快,加快黄斑区细胞的老化,从而导致黄斑部病变。长期接触蓝光还会造成眼睛视神经的损伤,引起暂时性视力模糊和视力疲劳,导致近视程度加深。

4. 课桌椅对视力健康的影响　中小学生正处于身体发育的关键阶段,如果长期使用不符合卫生要求的课桌椅,极易引起视疲劳,引起学习效率低下,脊柱弯曲异常及视力低下等弊端。

5. 开灯睡觉对视力健康的影响　2~3 岁是宝宝视力发育的关键时期,这个时候的光环境对于孩子将来的视力状况有着决定性的作用。长时间开灯睡觉会导致眼部的神经和肌肉一直处于紧绷的状态,让眼睛无法得到真正的休息与放松,增加孩子将来发生近视的风险。

(二) 行为生活方式因素

生活方式是人类在社会化过程中逐步形成的行为习惯。良好的行为和习惯可以促进人的健康,不良的生活习惯和嗜好则会危害人的健康。近视眼的形成也与不健康的用眼行为习惯和生活方式有着重要的关系。

1. 近距离用眼负荷和近视眼的发生与发展存在剂量梯度效应　高强度近距离用眼是引发单纯性近视的最主要因素。近些年的动物实验结果显示:近视眼的发生与发展和注视环境的近距离程度,以及用眼持续时间呈正相关。实验通过限制动物的视觉空间,让幼年恒河猴长期注视近处,最终引发实验性近视眼。

2. 近视眼发生率有明显的城乡差别　在同一国家、同一时代的城市近视发生率均明显高于农村。有学者认为:这不仅与城市学生的作业负担和近距离用眼负荷较重有关,还可能与农村的视觉空间较城市空旷、课外娱乐方式多在户外进行有关。

3. 近视的发生与特殊的视近职业有关　调查显示，长期从事近距离工作的职业中，如缝纫、钟表修理工等，他们的近视眼发生率明显要高于从事一般体力劳动者。

4. 视觉行为习惯对视力健康的影响　研究显示，不良的视近习惯（看书及看电视距离过近、课间活动少、连续看书1小时以上等）与青少年视力低下的发生关系密切，这些视近习惯使眼球运动频繁调节却很少得到休息，从而促进了近视的发生和发展。

5. 缺乏户外活动　近些年的研究发现，坚持每天有2小时以上户外活动是抑制近视发生、发展的一个重要保护因素。但需要注意的是户外活动强调的是有足够的阳光下暴露时间，而不是运动方式和强度。

三、眼生理功能因素

研究表明：眼调节的灵活度和耐力不足是近视眼产生和发展的重要生理因素。在已发生近视的中小学生中，眼肌调节异常的检出率为90%以上。

为什么在基本相同的生活环境、生活方式和用眼条件下，有些儿童青少年近视了，有些却不近视？有些近视早、近视度数加深快，有些却近视发生晚、近视度数加深慢？还有一些人虽然也经常高强度近距离用眼，却一直没有近视？这正是由不同个体的眼肌力量强弱有区别造成的，眼肌力量强的儿童青少年不容易产生眼疲劳，抵御近视的能力也相对较强。

任何生物都具有对环境适应的原始本能，人类的视觉器官也无例外。眼睛为适应高强度近距离用眼也有两种适应方式，即生理性适应和生物学适应。生理性适应指眼肌具备近距离高强度用眼的生理功能，持续看近时眼肌功能能把近物的焦点牢牢“粘”在视网膜上，若眼肌功能不能胜任持续看近处时，就得靠眼球的生物性改变来补偿适应，即眼轴往后延伸生长来寻找焦点。眼轴一旦超过正常范围，则不可逆的真性近视就造成了。

第三节　儿童青少年视力健康管理

一、0~18岁视觉健康管理要点

1. 新生儿视觉发育特点　视力只有成年人的1/30，能追着眼前的物体看，但视野只有45度左右，而且只能追视水平方向和眼前一尺远内的人或物。

视保要点：注意观察孩子双眼的大小、外形、位置、运动、色泽，尽早发现孩子的眼睛有无先天异常。

2. 1月至1岁视觉发育特点 从刚出生时所见的黑白、模糊世界，孩子的视力一天天进步，远处的物像也一点点变清晰了，深度知觉也随之逐步建立，能辨别的颜色也大幅度增加，而且能看清周围物品的细节了，手眼协调愈加熟练。

视保要点：利用色彩鲜艳的玩具来观察孩子的双眼能否稳定注视目标，能否追随玩具移动。日常要注意防止异物入眼，不要使用强光照射眼睛，不要长期一个姿势给宝宝喂奶，不要把玩具挂在孩子头顶上方，睡觉时不要开灯。

3. 1~3岁视觉发育特点 1岁时视力可达到0.2~0.3，3岁时可达到0.5~0.6。1~3岁是视觉发育的关键期，孩子的眼轴会快速增长，眼睛的调节、集合功能渐趋完善，立体视觉开始建立，视觉观察与认知能力迅速发展，可以逐渐认识并记忆文字。

视保要点：注意观察孩子有无眼位偏斜、歪头视物、凑近看电视、经常撞倒东西等，可交替遮盖孩子单眼检查其视物反应，如有异常应及时就诊，千万不要延误了治疗。日常注意膳食营养均衡，多吃对眼睛有益的食物，多到户外晒太阳，教导孩子养成良好用眼卫生习惯。孩子刚学会走路时要注意预防各类意外伤害发生，家长千万不要将电子产品当成孩子的“电子保姆”。

4. 3~6岁视觉发育特点 这一阶段是视觉发育的敏感期，是弱视和斜视的高发年龄。眼睛的生理性远视度会逐渐下降，裸眼视力会逐渐增加，到6岁时远视力基本能达到1.0。

视保要点：家长应在孩子3岁时就教会其识别“E”字视力表，并为其建立一份完整的《视力健康档案》，从视力、屈光、眼生物与眼生理等不同层次与方面，至少每年为孩子做一次专业、全面的视力健康状况检测与评估，了解孩子的现阶段眼屈光发育状况及今后的发展趋势，及时发现当前存在的危险因素，进行主动科学干预，并实施动态管理。这一阶段如发现孩子有弱视和斜视，一定要抓紧时间进行康复训练与针对性矫治。这一阶段，家长不要对孩子进行过度的早教、培优，以避免长时间高强度近距离用眼情况产生。此外，家长还应为孩子营造良好的视觉环境，注意培养孩子养成正确的阅读书写姿势与视觉行为习惯，督导孩子坚持每天户外活动2小时以上，尽量少接触电子产品。平时家长可利用张贴在合适位置的纸质视力表，交替遮盖孩子眼睛，检查其单眼视力情况。

5. 6~12岁视觉发育特点 此时，眼球的发育已接近成年人，眼的屈光发育已进入到正视化阶段，是单纯性近视眼的高发期，特别容易受到视觉环境与行为等危险因素的影响而诱发近视产生。

视保要点：绝大多数近视眼都是在这一时期发生的，因此，对孩子的视力健康家长一定要重视，实施动态管理，预防和控制近视眼的发生和发展。家长要坚持每半年带孩子去专业防控机构进行一次视力健康状况监测与评估，并认真落实好针对性的干预措施。日常注意让孩子多接受健康教育，管控好孩子的近距离用眼时间和每天户外2小时的活动时间，多陪孩子参加乒乓球、羽毛球等小球类运动或进行家庭视觉训练，改善孩子的眼部肌肉的调节灵活度与耐力，调动其眼生理潜能，增强孩子自身抵御近视的能力。

6. 12~18岁视觉发育特点　一般来说，18岁左右眼屈光发育相对静止下来，此时若眼轴发育正常，则为正视眼。如果眼轴发育迟缓，则孩子眼轴的长度低于正常值，则形成远视眼。如果眼轴发育过度，则形成近视眼。这一阶段，随着学习负担的日渐加重，孩子近距离用眼的负荷更大，极易导致视疲劳现象，近视产生后的发展速度也会更快。

视保要点：以上所有视保措施在这一阶段应该坚持并加强，在为孩子选择光学干预措施时，建议在进行近视分类分型检测后优选可控制近视发展的功能性光学干预措施，并坚持定期复查，及时发现问题，科学调整干预方案。

二、视力健康状况的监测评估

人从健康状态发展到不健康的“疾病”状态，一般都要经历一个从“低危险”到“高危险”，从量变积累到质变产生的过程。人处在亚健康状态时，实际上就是一个量变积累阶段，但由于不适症状并不明显，所以很容易被忽略。然而长期以来，人们的健康观念还停留在传统的“无病即健康”的陈旧观念上，缺乏对健康管理这一新理念的认识，不了解近视是眼屈光发育过程中相关危险因素不断累积、叠加，发展到一定程度后才逐渐显现出来的。因此，针对儿童青少年视力健康实施全过程“监测、监控、监管”，对儿童青少年近视防控工作有着积极的意义和作用。

（一）裸眼远视力的监测与评估

视力是在一定距离内眼睛辨别物体形象的能力。视力的好坏是衡量眼睛功能是否正常的尺度，也是分析眼部健康状态的重要依据，视力监测指定期做视力检查。

远视力检查比较简单、方便，但具有很大的主观性和偶然性，不稳定、波动大，不能全面反映视力健康状况。很多人都以为只要裸眼远视力能达到1.0就没问题了，但实际上，远视力达到了1.0只能说明人的部分视力正常，只有当“中心视力、周围视力和立体视力”都符合生理要求时，才能说视力正常。

1. 中心视力　指眼睛分辨外部物体二维形状、大小、轮廓和细节的能力，反映的是黄斑部中心凹的视力功能。中心视力检测分为远视力和近视力，检测的主要工具为视力表。

2. 周边视力　也叫“视野”,指当眼睛注视某一目标时,非注视区所能见得到的范围,即人们常说的“眼余光”。一般来说,正常人的周边视力范围相当大,两侧达 90 度,上方为 60 度,下方为 75 度。近视、夜盲患者的周边视力则比较差,一些眼底病可致周边视力丧失。

3. 立体视力　指视觉器官对周围物体远近、深浅、高低三维空间位置的分辨感知能力,是建立在双眼同时视和融合功能基础上的独立的高级双眼视功能。丧失了立体视的人,在医学上称之为立体盲。

1.0 视力是正常视力的最低限,因而它又叫边缘视力和临界视力。对于已出现近视现象的学生来说,这一状态稍纵即逝,如未注意则会很快向真性近视演变。

通过远、近两种中心视力检测和分析后,可对屈光状态进行一个大致判断。

(1) 远视力正常,近视力正常:正视或远视。

(2) 远视力低常,近视力正常:近视或散光。

(3) 远视力正常,近视力低常:远视或老视。

(4) 远视力低常,近视力低常:远视、散光或眼病。

不同年龄段的正常视力标准范围不同,6 岁以上儿童青少年的正常视力标准应该达到 1.0 以上。

(二) 眼屈光发育状况的监测与评估

1. 屈光状态的监测　儿童青少年时期是眼屈光变化最快的一个阶段,其发育规律一般是由刚出生时的远视眼开始向正视眼方向发展,且呈不可逆走势。比较理想的情况是到 12 岁后才由远视眼发育成正视眼。但是由于现在的儿童青少年近距离用眼过早、强度过大,再加上不良的视觉环境与行为影响,造成很多青少年眼睛过早发育成为了正视眼,虽然此时的远视力尚处于正常范围,但今后的眼屈光发育却要开始向近视眼发展了。因此,如果儿童青少年在散瞳后的远视度数远低于同年龄段正常屈光阈值,则提示将来成为近视眼的风险极高。

2. 眼生物学屈光要素的监测与评估　眼的屈光状态取决于眼屈光系统中各屈光要素以及它们之间的协调关系。在儿童青少年眼球发育过程中,主要有五项屈光要素决定眼的屈光状态,即眼轴的长度(AL)、前房深度(ACD)、晶状体厚度(LENS)、玻璃体腔长度(UITR)、角膜曲率半径和角膜屈光度比值(CR/K 值)。儿童青少年在生长发育期,这五项屈光要素的发育匹配与否决定了他的眼睛是正视、远视、近视或散光。

儿童青少年在眼生物结构上的异常发育改变要早于视力上的变化,所以定期进行眼屈光要素生物学检测,可在不通过药物散瞳,不影响日常学习的情况下,快速采集眼屈光发育的相关指标,再将这些指标与同年龄段正常平均阈值进行对比分析，就可全面了解其现阶段的眼屈光发育状况是否偏离了正常走势。对于有近视倾向者，可针对性地发出预警，为实施综合干预，防控儿童青少年近视的发生与发展，提供科学依据。

（三）眼生理功能的监测与评估

当今社会，儿童青少年的学习压力大，电子产品的广泛应用，更是加重了儿童青少年对近距离用眼的需求，如果眼睛无法通过自身眼肌调节来适应高强度近距离用眼，就会导致眼的生物结构发生改变，诱发近视产生。儿童青少年正处于生长发育期，眼肌的灵活性、舒张力、耐力可塑性很大，通过眼生理功能检测可对儿童青少年的眼动生理功能进行量化评估，了解其眼肌力量强弱，为科学采取针对性的干预措施，防控近视的发生与发展提供判断依据。

三、视力综合干预健康管理

综合干预是视力健康管理服务的关键环节，建立在监测、分析、评估的基础上。在掌握主要视力健康问题后，制定针对性的群体和个体干预方案，通过教育、咨询、指导赢得服务对象及其支持者的认同与配合，为其创造支持性的环境和系统，实施具体干预计划。

儿童青少年视力健康管理服务中的综合干预涉及学校、家庭视觉环境干预，儿童青少年视觉行为干预、光学干预、眼生理功能干预等方面。

鉴于目前全球还没有任何安全、有效的医疗措施可以治愈真性近视，因此，对于儿童青少年近视眼的防控，必须从强化健康意识入手，让人人形成“每个人是自身健康的第一责任人”的健康意识，遵守近视防控的各项要求，主动学习掌握科学用眼护眼等健康知识，养成健康习惯，进行科学干预管理。

（一）视觉环境管理

目的是树立视力健康意识，提供符合卫生要求的视觉环境，最大限度地减轻学生发育期高强度近距离用眼。

1. 学习环境的采光照明要达标　书桌应放在室内采光最好的位置，白天学习时最好充分利用自然光线进行照明，这种光线均匀、柔和，最适合看书写字，但要注意避免光线直射在桌面上。在光线过暗时应及时开启台灯照明，并适当开启背景辅助光源，以减少室内明暗差，使桌面局部光线与周围环境保持和谐。台灯应放置在左前方，避免右手写字时手影遮住光线（左手写字者则放置于右前方）。在选择台灯时最好选用无频闪、无眩光，色温不超过4000K，照度达到AA级，蓝光危害级别达到RG0级，显色指数大于90，光线柔和自然可调节的新型LED光源台灯。

2. 配置可调式学习用课桌椅　每学期对桌椅高度进行个性化调整，使其适应儿童青少年的生长发育变化，避免被动养成不健康的阅读、书写习惯。

3. 要注意室内学习环境的通风换气　长时间门窗紧闭埋头学习，室内会积聚大量的二氧化碳，容易使人感到头昏、头痛，产生视疲劳的症状。

（二）视觉行为管理

1. 严格控制电子产品的使用　家长陪伴孩子时应尽量减少使用电子产品。有意识地控制孩子特别是学龄前儿童使用电子产品，非学习目的的电子产品使用单次不宜超过 15 分钟，每天累计不宜超过 1 小时。使用电子产品学习 30~40 分钟后，应休息远眺放松 10 分钟，年龄越小，连续使用电子产品的时间应越短。

2. 从小养成健康用眼习惯　不在走路时、吃饭时、卧床时、晃动的车厢内、光线暗弱或阳光直射等情况下看书或使用电子产品。纠正不正确的读写姿势，保持“一尺、一拳、一寸”，即眼睛与书本距离应约为一尺（33~35cm）、胸前与课桌距离应约为一拳（8~10cm）、握笔的手指与笔尖距离应约为一寸（约 3cm）。近距离读写连续用眼时间不宜超过 40 分钟。

3. 坚持每日做好眼保健操　眼保健操通过按摩眼部周围的穴位和皮肤肌肉，以活跃经络气血，增强眼部血液循环，松弛眼内肌，改善神经营养，解除眼部眼轮匝肌、睫状肌的痉挛，消除眼睛疲劳，保护或提高视力。但要注意的关键点是，如果找不准穴位，手法不规范，力度不到位，眼保健操就会流于形式。

4. 保障每日睡眠时间充足　儿童青少年眼睛的发育和视力调节主要受自主神经支配，当自主神经出现功能紊乱时，眼内睫状肌就会出现异常收缩，使眼轴变长，从而形成近视。而造成眼部自主神经功能紊乱的首要因素，就是缺乏睡眠时间。充足的睡眠既可保证白天有充沛的精力学习，亦能消除视疲劳，因此，应确保小学生每天睡眠达 10 小时，初中生 9 小时，高中生 8 小时。

5. 定期进行视力健康状况监测　改变“重治轻防”观念，严格落实学生健康体检制度和每学期 2 次视力监测制度，做到早检查、早发现、早干预。学生平时要积极关注自身视力状况，自我感觉视力发生明显变化时，要及时告知家长和教师，并尽早到专业机构进行检查。

（三）营养与运动管理

1. 从小不挑食、不偏食，保证营养均衡。平时少吃甜食和油炸食品，主副食搭配，粗细粮结合。注意补充富含蛋白质的食物，如鱼、蛋、奶、瘦肉等；多吃蔬菜瓜果，常吃富含维生素 A 的食物，如胡萝卜、菠菜、动物肝脏、杏、枇杷等。体内铬、锌、钙等微量元素缺乏，亦是导致近视的因素之一。因此，要注意补充含微量元素多的食物，如豆类、乳类、花生、大枣、蛋类等。

2. 保证每天有 2 小时以上户外活动时间，可多参加有益于眼肌锻炼的各种球类运动，既可锻炼身体，又能锻炼眼肌有益于视力健康。这是目前国际公认可有效预防控制近视发生与发展的干预方法。但要注意的是，必须让身体在充分接触阳光的情况下再采取适当的运动方式才能达到增强体质、防控近视的目的。

（四）眼生理功能干预管理

欧洲研究显示：通过两年至两年半的跟踪观察，在同样外环境、同样年龄组的1 000例青少年中，做专业化眼肌训练的实验组与不做专业化眼肌训练的对照组，两者的近视发生率相差了12~17倍。这说明主动对眼部肌肉进行专业化训练，可改善和优化眼肌的运动能力，调动眼动生理潜能来抵御眼轴异常增长，是一种非常有效防控近视发生与发展的方法。

（五）光学干预管理

主要是运用光学手段提供近距离用眼光学保护，减轻近距离用眼时眼生理负荷，避免长时间近距离持续用眼给眼睛带来的伤害。通过科学配镜达到最佳的光学保护和矫正效果，减少因错误使用光学产品带来视力伤害。

功能性眼镜与普通验光配镜是有所区别的，首先是镜片的类型不同。普通眼镜是单光镜片，只起到矫正视力的作用，功能性眼镜的镜片则为特殊设计，含有控制近视发展速度的作用。其次，他们的验配方法也不同。功能性眼镜不是人人可以佩戴的，配镜时需要检测的光学参数也较多，日常使用的方法也有别于普通单光眼镜。因此，家长在给儿童青少年配镜时，一定要充分考虑其眼生理发育特点，可优先选择功能性光学矫治镜，可在不影响上课学习的情况下，起到学治同步的作用。

功能性光学矫治镜一般有以下几种：

1. 单焦凸透镜

适应证：远视力下降，经过视功能检测及筛查，散瞳后其屈光状态为远视、正视、轻度近视的青少年人群。

配镜目的：补充近距离用眼时的调节，消除持续近距离用眼时的用眼疲劳。

2. 双焦凸透镜

适应证：①近视增长较快的儿童青少年（近视增长量≥0.75D/年）；②近距内隐斜；③近距高调节滞后。

配镜目的：使患有这类低度近视的青少年，在上课看黑板时，拥有清晰的远视力，而在看书、做笔记时，又能有效的放松调节，缓解视近时的视疲劳。

3. 渐进多焦镜（PAL）

适应证：远视力下降，经过视功能检测及筛查后，散瞳屈光状态呈现为低、中度近视，有内隐斜和高AC/A状态的青少年人群。

配镜目的：使这类青少年在上课看黑板时，拥有清晰的远视力，同时在看书做笔记时，又能有效放松调节，缓解视近时的视疲劳，轻松应对学习。

4. 棱镜式组合透镜

棱镜式组合透镜是在人工正视的基础上，依据眼睛调节和集合的严格匹配关系，在阅读时附加凸透镜和底朝内的三棱镜，以减轻近距离用眼时眼调节、集合负担。

适应证：视功能检测（特别是眼位检查）正常，散瞳后屈光状态为单纯性近视或调节性近视的部分青少年。

配镜目的：使这类青少年在近距离用眼时，减少调节的同时，减少了眼球的集合，解除眼外肌对眼球的压迫，降低眼压，控制眼轴变长，有效缓解近距离用眼时的疲劳。

5. 周边离焦镜　传统的单光镜片虽然可以矫正中心视力，但会影响周边视网膜成像品质。而这种镜片不同于以往的视力解决方案，它考虑了周边视网膜成像品质对近视发展的影响，除了矫正中央屈光不正，还可以矫正周边远视或制造周边近视性离焦，将周边影像投射到视网膜上或视网膜前方，从而将“停止”的信号发送至眼睛，控制眼球加长，从而缓解儿童视力下降。

适应证：近视增长较快的儿童青少年（近视增长量≥0.75D/ 年）。

配镜目的：在提供清晰、锐利的中心视力的同时兼顾周边视力、控制近视发展速度。

6. 角膜塑形镜　角膜塑形镜起源于美国，历经 50 年的发展，已在全球 34 个国家得到应用。它是采用透气性硬质角膜接触镜材料按一种特殊逆几何形态设计的角膜塑形镜片，其内表面由多个弧段组成。其作用原理是基于镜片与角膜间泪液层不均匀分布产生的流体力学效应改变角膜几何形态，在睡觉时戴在角膜前部，逐步使角膜弯曲度变平，改变角膜屈光状况，可有效提高裸眼视力并延缓近视发展速度，被誉为“睡觉就能控制近视的技术”。

角膜塑形镜与激光手术效果相似，但与激光手术不同，角膜塑形术产生的效果是可以回复的，安全性也高得多。佩戴角膜塑形镜还可有效减缓儿童青少年的近视加深速度，理想情况可控制在平均每 1.5~2 年仅增长 -0.75D，较其他光学干预方式，其控制效果更加明显。

角膜塑形镜是一种医疗器械，也是一种比较新的矫正近视的技术，对验配的人员、设备和专业技术要求相对较高，对佩戴者自身的依从性有较高要求，不是人人都可以佩戴，因此，佩戴角膜塑形镜前一定要进行科学规范的系统检测与配适评估，方能保证佩戴后的效果与安全。

适应证：理想的佩戴年龄范围为 7~20 岁。理想的近视度适应范围为 -0.50~4.00D，近视散光的理想适应范围为顺规性散光≤-1.50D。

禁忌证：

（1）眼部禁忌证：包括严重的干眼症；慢性泪囊炎；眼睑闭合不全；麻痹性

斜视；眼球震颤；重度沙眼；严重的慢性结膜炎；角膜炎；圆锥角膜；慢性葡萄膜炎；重度弱视；晶状体混浊及慢性青光眼等。

（2）全身禁忌证：包括严重的急、慢性副鼻窦炎；严重的糖尿病；正在使用对佩戴角膜镜有影响的药物；严重的类风湿性关节炎等结缔组织疾病；无法保证规范清洗处理镜片者及精神病患者等。

需要注意的是，以上这些光学干预方法均有适应证和禁忌证，不是人人都适用的，一定要经过科学、规范的精细化分类分型检测后，再结合自身具体情况再来确定适合自己的方式。

近视眼不是某一天突然产生的，是在眼屈光发育过程中相关危险因素不断累积、叠加，并发展到一定程度后才显现出来的。学生近视在发生初期由于症状并不明显，往往不知不觉，虽然此时远视力尚处于正常范围，但眼睛在生物结构上的不良发育改变已开始悄悄向着近视眼发展了。因此，要想解决好视力健康问题，必须从建立《视力健康档案》入手，在眼屈光发育的不同年龄阶段，每年进行一次眼屈光发育评估——近视预警检测，全面了解当前眼屈光发育状况和发展趋势，针对性实施干预措施，可帮助有近视趋势的回归健康轨道或推迟其近视发生年龄；可帮助已发生近视的减缓其近视度的累积叠加速度，并最大限度地减少近视眼并发症，防止视力残、盲。

四、儿童弱视视觉训练

1. 视刺激（CAM）治疗　利用反差强、空间频率不同的条栅作为刺激源来刺激弱视眼以提高视力。

2. 后像治疗　使弱视眼的注视点逐渐向黄斑中心移位，由旁中心注视转为中心注视。

3. 红光闪烁训练　治疗旁中心注视性弱视，尤为适合游走性和离黄斑中心较远的旁中心注视眼。

4. 光刷治疗　利用旋转的“光刷”来刺激黄斑的抑制，以达到治疗弱视及纠正偏心固视的目的。

5. 弱视智能化训练　利用3D影像视觉训练，使儿童在愉快地游戏中完成训练，是集治疗、娱乐、智力开发于一体的弱视治疗方法。

6. 视觉刺激训练　通过多种模式的刺激，能增强视网膜对刺激的敏感性和视觉神经冲动的传导速度，从而有效治疗多种类型、不同程度的弱视。

7. 视觉精细训练　通过多种模式的刺激，辅以精细操作，治疗多种类型、不同程度的弱视的同时，提高手眼协调水平和认知能力。

8. 同时视训练　同时视是双眼视觉的基础，通过训练，脱掉斜视眼的抑制状态，建立同时知觉，纠正异常视网膜对应，防止弱视的复发，增进融合能力。

9. 融合训练　提高双眼的协调运动能力，增加融合范围，矫治轻度斜视，恢复双眼单视，有效缓解视疲劳，为立体视功能的建立奠定基础。

10. 立体视训练　立体视是最高级的双眼视觉功能，建立正常的立体视功能，为从事精细操作创造条件。

五、视力健康全过程动态管理

儿童青少年的视力健康状况和指标不断变化、发展，对于执行视力健康管理计划的整体情况实施动态管理，定期评估效果，为儿童青少年个人及其支持者提供最新的改善信息，不断调整和修订视力健康指导方案，才能使视力健康得到持续有效的管理和维护。儿童青少年视力健康管理服务中的动态管理服务，可看作是对档案信息的动态管理和对服务对象个人的动态管理。

（一）档案信息动态管理

建立儿童青少年视力健康档案，记载基本信息、视觉环境、视觉行为、视力健康状况监测数据及采取的视力健康管理措施、效果等，并进行及时的更新和追踪，使档案记录完整、连续。通过管理和使用档案记载的数据，及时掌握动态数据变化情况，使分析评估更科学，干预计划制定有据可循，更为精准、有效。

对档案中的信息大数据进行分析，定期为个人、班级、学校、区、市等提供视力健康分析报告，为政府制定健康政策，改善整体视力健康环境，提供有价值的信息和依据。

档案信息共享，提供及时的在线查询、咨询指导及跟踪管理服务。

（二）个体动态管理

对儿童青少年个人阶段性目标、计划的执行情况和异常指标定期复查等事项给予提示和预约安排。

依据学生视力健康现状，及时进行视力健康管理干预方案的修正补充和调整。对阶段性的管理目标、计划执行、季度和年度视力健康管理效果进行评估总结，并指导学生及其支持者做好后续的健康维护。

结束语：

预防是最经济最有效的健康策略，对于儿童青少年近视防控，正需牢固树立预防为主的方针，全面实施视力健康管理，不再走“以治代管”的老路，需坚持战略前移的思想，抓早、抓小、控源头，维护全人群的视力健康。维护儿童青少年视力健康的首要任务就是探寻近视的发生机制，确定影响其发生和发展的主要危险因素，进而科学指导学生近视的防控工作。人们一定要走出认知误区，针对儿童青少年眼生理发育特点和视力不良的影响因素，进行全过程的视力健康管理，实施战略重点前移。

一是防控关口前移。即抓早抓小，从3岁起就建立《视力健康档案》。高度重视日常科学用眼卫生习惯的养成，提高其视力健康的自我保护能力。

二是防控环节前移。从预防、治疗前移至预测、预警。每半年进行一次“家庭视觉环境，儿童青少年视觉行为习惯，眼屈光发育状况”监测评估，了解有无近视风险，为科学实施综合干预，防控近视产生提供时间和空间。

三是防控目标前移。儿童青少年近视防控工作必须构建以促进整体视力健康为目标，以科研为先导，以学校为平台，以视力健康、亚健康、不健康全人群为对象，融合多方位（预防、保健、康复）、多层次（生理、心理、社会）、多环节（学校、家长、学生）、多阶段（视力正常、假性近视、真性近视），集健康教育、监测预警、综合干预和动态管理于一体的全过程视力健康管理服务体系，才能让孩子安全、平稳度过近视高发时期。

（杨莉华）

第九章

儿童青少年生命安全与意外伤害预防健康管理

伤害是全球性的公共卫生问题,是儿童青少年死亡的首要原因,也是导致残疾、功能受限和疾病负担的主要原因。儿童伤害的种类众多,原因多种多样,与年龄、性别和社会经济等因素有关。世界卫生组织(WHO)将伤害定义为“当人体突然遭受超过其生理耐受阈值的力量总和所导致身体损伤——或由于缺乏一种或多种重要的生命元素,例如缺氧而导致的后果”。生理耐受阈值的力量包括机械能、热能、化学能或辐射能等。

第一节　儿童意外伤害的类型与特点

一、伤害的类型

1. 根据导致伤害的意向分为非故意伤害和故意伤害　非故意伤害指意外发生的、非本意的非疾病的使身体受到损伤,称为意外伤害。包括道路交通伤害、跌落伤害、溺水、烧烫伤、意外中毒、机械伤、电击伤、意外窒息等。故意伤害指故意导致自己或他人的身体或心理上的损伤。包括自杀自伤、他杀、虐待和忽视以及战争等,称为暴力。目前研究主要是儿童意外伤害的原因及其预防。

2. 根据伤害导致的结局可分为非致命性伤害和致命性伤害　分析表明,在0~18岁儿童中,每1个受到致命性伤害儿童,将对应45名儿童因伤害需要住院,另有超过1 300名儿童因伤害而急诊就医,但不需住院。致命性伤害主要指由于可能导致死亡的伤害,如道路交通事故、溺水、跌倒/坠落、烧伤(火灾或烫伤)和中毒,这些伤害类型占儿童伤害死亡的60%,窒息、动物咬伤、低温和高温等占儿童伤害死亡的23%。非致命伤害中主要包括跌倒、道路交通伤害和溺水等。非致命性伤害虽然没有导致死亡,但可能导致住院、急诊和缺课,甚至导致残疾等长期影响。

3. 按伤害部位可分为头部伤害、四肢伤害和躯干部以及内脏等伤害　头部伤害是儿童中最常见且最具潜在危害的伤害类型。划伤和撞伤是儿童发生最频繁的伤害，造成15岁以下儿童入院的意外伤害常见的是四肢骨折。

二、儿童伤害的特点

1. 随着儿童年龄的增长，暴露于危险因素的不同，发生的伤害也会改变 根据《联合国儿童权利公约》第1条中关于儿童的定义——“儿童指未满18岁的人”。如在婴幼儿童阶段，常见的意外伤害为跌落伤、窒息和烫伤等。5岁以上的儿童户外活动增加，接触外界环境的时间增长，好奇心较重，但对外界的危险认识不足。尽管学校附近有一些交通标识提醒机动车减速慢行，但由于车辆繁多，人车混行，城市极少有为儿童设计的安全步行通道，儿童独自过马路仍存在巨大的风险，道路交通伤害是儿童青少年死亡的首要原因。

2. 儿童身体特殊性使儿童更易受到伤害 年幼儿童很难发觉车辆，难以准确判断迎面而来的车辆的速度，且缺乏从发动机声音判断车距的能力。儿童皮肤比成年人薄，较低的温度就可能烧伤，且程度会更重。儿童气道较短小，同样剂量的有毒物质使儿童比成年人更易中毒，儿童体重更轻，儿童较小的身体尺寸也使身体部位易被压迫，尤其是头部。年幼的儿童缺乏应对道路环境所需的知识、技能和专注水平，其身体功能与认知能力不相匹配，在探索世界的过程中，可能从高处跌落，因为他们的平衡能力与其攀爬能力不匹配。

3. 儿童伤害存在性别差异 男孩受伤的频率和严重性都高于女孩，伤害发生率的性别差异在1岁以内有所显现，且大多数伤害类型都存在这种性别差异。发达国家的数据表明，在所有的伤害类型中，男孩伤害发生率均高于女孩。据WHO报道男孩伤害死亡率比女孩高24%。可能是由于行为不同导致，男孩比女孩行为更加冲动，冒险行为更多等。

4. 家长监护不周，缺乏相关的伤害预防意识和知识技能，是儿童伤害的常见原因 疏忽是儿童伤害发生的常见原因，例如孩子游泳时家长看手机发生溺水意外，或家中无人时儿童从阳台坠落。每每看到这些报道都令人心痛之极，如果家长具有足够的意外伤害预防意识和技能，这些是完全可以避免的。学龄儿童常常乘坐家长的交通工具时没有任何防护，例如孩子坐电动车不戴头盔也没有安全带，家长通常意识不到潜在的伤害危险。

因此儿童需要家长的严密监护，家长需具备足够的伤害预防知识和技能保护儿童，避免伤害发生。家居设计应考虑到儿童身体和心理发展阶段的需求进行改变，城市规划者和决策者们也应该考虑儿童的需求，儿童相关产品的设计也应考虑儿童使用时可能产生的危险。例如改进钢笔帽的设计，以避免儿童误吸入钢笔帽而造成窒息。

三、儿童伤害的可预防性

伤害的发生是可以预防和控制的。例如，经济合作与发展组织（经合组织）成员国在1970—1995年间，15岁以下儿童意外死亡的数量降低了近一半左右。联合国儿童基金会东亚及太平洋区域办主任Anupama Rao Singh谈道："如果我们要最终实现降低儿童死亡率的新千年发展目标，那就必须采取行动来着重应对儿童伤害问题"。

伤害的预防包括多种含义，不仅指预防伤害的发生，也包括伤害发生后减轻伤害的严重程度，如及时救治，提供良好的康复医疗服务，避免残疾和死亡，减少伤害的长期影响和心理伤害。

目前大多数国家已达到共识，儿童伤害预防是一个亟须关注的重要公共卫生问题。各国目前的研究仍在围绕伤害发生的范围和救治工作。有效预防儿童青少年伤害的策略主要包括：立法与执法、产品改良、环境改良、支持性的家庭访视和推广安全产品、教育、技能开发和行为转变、基于社区的干预项目、院前救护、急救医疗和康复等。加强多部门协调合作，成立由各级政府领导、多部门参与的伤害预防控制领导机构，加大投入和研究力度，实施有效的预防控制措施，完善和建立由社区、学校、家庭共同参与的伤害防控网络，是有效降低伤害发生的重要策略。

第二节　儿童青少年意外伤害的原因和预防干预措施

一、儿童青少年道路交通伤害

（一）概况

WHO对道路交通事故定义为：发生在公共道路上，至少牵涉一辆行进中车辆的碰撞或事件，可能导致伤害，也可能不导致伤害。据WHO统计，全球21%的道路交通事故死亡发生于0~17岁年龄段的儿童，每年有18万以上的15岁以下儿童死于道路交通事故，数十万的儿童残疾。在我国，道路交通伤害是1~14岁儿童的第二位死亡原因，15~17岁儿童的第一位死因。儿童道路交通伤害得到全社会越来越多的关注和重视，如何在日益复杂的道路交通环境下保障儿童在道路使用中的安全，成为一个亟待解决的公共卫生问题。

（二）原因

1. 与道路、交通工具相关的因素　步行、骑自行车者是道路交通伤害的危险人群。在我国，自行车是主要的交通工具，随着共享单车的出现和发展，自行车的使用更加便捷和廉价，这都导致了儿童道路交通伤害的增长；道路光线不好，大部分机动车辆以及道路建设都没有考虑到儿童的特殊性，儿童体量较小也容易被驾驶者所忽视。

2. 道路交通伤害相关的危险行为。

（1）分心驾驶是道路安全的一个日益严重的威胁：开车时使用手机严重影响驾驶员的听觉、视觉和手动能力和认知判断，严重影响开车的行为，使其对突发情况的反应时间延长，尤其是刹车反应时间，影响其保持正确车道行驶。研究显示开车时使用手机可使交通事故的发生风险增加 4 倍。

（2）酒驾：尽管我国《道路交通安全法》对酒驾和醉驾都加大了处罚力度，但仍有一些人以身犯险。

3. 儿童防护措施不足　儿童没有佩戴或没有规范佩戴头盔、在混行道路上骑车、在人行道上骑车、骑自行车者的醒目性以及安全性能等问题，都大大增加了儿童道路交通伤害的发生率。

4. 家长监护不周，儿童交通安全意识不强，缺乏相关的交通安全知识和素养。

（三）预防措施

WHO 提出“到 2030 年使所有人均能享有安全、可负担、无障碍和可持续的交通系统”，为此制定了《挽救生命》提供一揽子重点循证干预措施，包括速度管理、领导作用、基础设施设计和改进、车辆安全、交通执法和碰撞后生存措施。这些措施相互关联，应遵循安全的系统思路综合实施，即一个安全的系统需要在驾驶速度、车辆、道路基础设施和道路使用者行为之间形成复杂、动态的互动，并以整体、综合的方式进行管理，如图 9-1。

1. 加强和严格交通执法，不断完善道路和机动车的管制制度。

（1）速度管理：确立并执行全国、地方性和城市内的限速法规；建设或改造道路，使之能够减缓交通；要求车辆制造商采用新技术帮助驾驶员保持限速，如智能速度调节装置。

（2）禁止酒后驾驶：加大查处力度，尤其是儿童行人较多的路口。

（3）强制禁止驾驶时使用手持式电话，减少分心驾驶，禁止打电话和发短信、浏览网页等行为。

（4）佩戴安全带：机动车驾驶员和前排乘客必须使用安全带，鼓励后排乘客使用安全带。对儿童乘客，父母作为监护人，每次乘车都应佩戴安全带做好示范作用，并提醒儿童佩戴安全带，这是对儿童乘客的最起码的安全要求（图 9-2）。

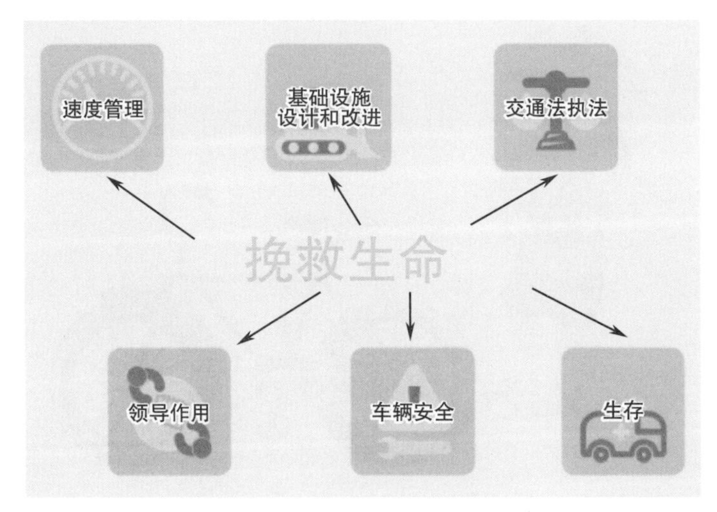

图 9-1 挽救生命干预措施

图片来源：WHO 发布的《挽救生命：促进道路安全的一揽子技术措施，2018》。

图 9-2 佩戴安全带

（5）佩戴头盔：强制使用摩托车和自行车头盔，包括驾驶者和乘客。立法强制儿童青少年骑自行车必须使用安全头盔，规范安全骑车行为，自行车安全头盔的使用能减少头部、大脑和额部受伤的发生（图 9-3）。

（6）强制使用儿童安全座椅：按照儿童的年龄和身高正确使用儿童安全座椅或儿童增高座椅，儿童安全座椅首选安装在驾驶员后排中间位置，其次驾驶员后排位置，最后是副驾驶后排位置（图 9-4）。

2. 加强安全教育　可按幼儿、小学和中学分阶段进行，根据儿童生长发

图 9-3　佩戴头盔

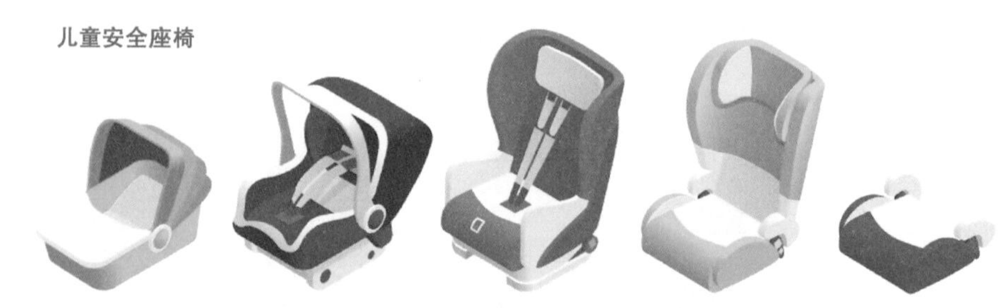

图 9-4　不同类型的儿童安全座椅和儿童增高座椅

育、知识积累和认知发育水平制定相应内容。通过有效的教育方法，提升儿童自身对于危险的认识，在道路上时刻思考“如何能让自己更安全”，养成思考和观察的好习惯，从根本上提升交通安全意识。

幼儿阶段是培养交通安全素养的关键时期，主要通过学习和观察正确的行为培养交通意识，监护人做好榜样，时刻监督并约束儿童的交通行为是最重要的。

小学阶段，应该重点学习如何正确地步行和乘车，培养儿童的独立性。

中学阶段，步行、乘坐公共交通工具和骑自行车是主要的出行方式。随着中学生年龄的增长，引入有关年轻驾驶人的驾驶安全问题，包括速度、酒精和其他药物、疲劳、压力和分心（包括乘客）驾驶带来的危害。观看危险驾驶的危害纪录片、讨论并研究公共交通的安全问题等。

3. 基础设施设计和改进　完善儿童交通公共设施建设，包括专门的便道、安全通道、过街天桥和地下通道，设置自行车和行人专门的通道；在交通枢纽的人行通道处，增加儿童警示标志（图 9-5）。

图 9-5　自行车道

4. 为儿童制定安全的上下学路线　设计更安全的交叉路口，考虑儿童身高和过马路速度设计红绿灯时间；上学和放学时间限制通行车辆的车速，减少机动车通行的数量，或增加路面减速装置、障碍物和震动带（图 9-6）。

图 9-6　上学和放学时间限制通行车辆车速

5. 鼓励使用安全的交通方式，设计自行车道，将自行车和其他交通模式分离，设置自行车专用信号灯的信号和清晰的信号线，及时修理路面，清除坑洼和有危险的马路以及自行车道的障碍物。

二、儿童步行相关的伤害

（一）概况

儿童步行相关的伤害，指儿童行走过程中发生的意外伤害，可能由于机动车或行走时的跌倒、撞倒等导致。在全球，步行者构成了儿童道路交通事故的最大单个群体。中国儿童安全步行状况调研显示，每10起道路交通伤害死亡中就有4起受害者为儿童，其中有2名是儿童步行者。

（二）步行伤害发生的原因

1. 机动车违规　是导致儿童道路交通事故的主要原因，占87.09%，其中无证驾驶和未按规定让行是主要原因。

2. 儿童自身的生理特点　儿童身材矮小，视野比成年人狭窄，对交通状况的观察也受到限制，并且由于体量较小也容易被驾驶者所忽视，因此更容易成为交通伤害的主体。

3. 儿童步行时的危险行为　步行时可能与同学互相嬉戏，穿行马路时不注意观察往来车辆。

4. 儿童对交通标志认识不清，或自我管理意识不强　应加强步行安全的相关知识培训。

5. 道路设计未考虑儿童步行可见度和儿童安全行走路线规划。

（三）预防措施

儿童步行者发生道路交通伤害与多种因素有关，确保儿童的交通环境安全是一项社会责任。除了提高认知外，对儿童步行者开展儿童道路安全的教育和项目，确定儿童出行安全是降低儿童道路步行伤害的重要内容。

1. 创建安全的交通环境　安全步行路径设计，以充分保障儿童上下学的安全（图9-7）。可尝试从街道人性化空间构建人车共存道路规划、行人过街安全性、住区防卫空间构成等方面，为儿童上学步行安全进行道路和空间设计探讨。

设置隔离栏杆，把机动车和行人、骑自行车者物理隔离开。

人行道设计要适应儿童使用特征，由于儿童在人行道上行走时，可能出现突然的跳跃或打闹，这些行为会增加发生行走伤害的风险，因此路面应平整，少些花盆等景观设施。

限制学校附近街道边停车，学校周边道路两边停车造成儿童在车辆边进行穿行的现象，一方面对儿童造成步行空间不足，也使机动车交通阻塞；另

图 9-7　安全步行路

一方面，使儿童步行时暴露在更大的风险中，车辆驾驶员可能看不见穿梭行走中的体型较小儿童，儿童也可能被停着的车辆阻挡视线，从而增加碰撞的风险。

在上学和放学儿童过马路集中的十字路口，增加过马路的护卫员（school crossing guards），以确保防止儿童在过马路时因车辆驾驶员未礼让行人造成的意外。

2. 制定适合中小学生步行速度和体型的步行通道的安全标示　儿童过马路的速度相对较慢、体型较小等因素都是影响步行安全的风险因素，因此尤其是在中小学校及校园等特殊场合，应限制车速甚至限制车辆进入，以避免儿童发生意外。

3. 步行安全教育干预　学校教育干预，改变儿童步行时的危险行为。

通过形式多样的安全步行干预活动可以有效提高儿童的安全步行认知及行为能力：通过对学生发放宣传手册，开设健康教育课，开展（影像之声）主题实践活动等干预，提高儿童对道路交通标志和道路交通标线的认知率（图 9-8）。

图 9-8　认识道路标志

4. 认识斑马线，安全过马路　对儿童进行步行安全教育，内容应包括步行安全知识、安全行为、危险行为、交通安全知识和交通标志识别等。通过不同形式强化交通安全知识、正确安全的步行行为等。

教育儿童在过马路时遇到突发情况时的处置行为，提高步行安全的技能。例如观察绿灯待续时间，决定何时过马路的能力包括决定适当的路线、检测交通、评估机动车辆的速度和距离，以及整合这些信息以决定何时过马路。

三、溺水

（一）概况

WHO 定义溺水为一个因液体进入而导致呼吸损伤的过程。溺水是全球第三位伤害死亡原因。在中国，溺水是 1~14 岁儿童伤害死亡的首要原因。中国疾病预防控制中心《2017 年中国儿童伤害报告》中 0~17 岁儿童溺水死亡率为 7.5/10 万，占儿童伤害死亡的 32.5%。其中 5~14 岁儿童溺水死亡占伤害死亡的 45%，可见溺水的致死性和危害最大。

（二）溺水的原因

1. 性别　男童溺水的危险特别大，溺水总死亡率为女童的两倍。溺水最常发生在夏季，通常缺乏家长监管，几个小伙伴相约去开放的水域游泳。例如江、河、湖泊等，农村常见的溺水场所是池塘，农村儿童溺水人数多于城市儿童。

2. 接触水的机会　接触水的机会增多是溺水的另一个危险因素。在沟渠、池塘、渠道或池塘等开放水源附近生活的儿童，溺水危险特别大。

3. 家庭监管缺失或认识误区　儿童溺水事故的发生以节假日、双休日居多，暑期更是重灾时段，2/3 的溺水发生在 5~8 月份。很多家长对溺水的认知不足甚至存在误区，例如，溺水可能会发生在 1~2 分钟内；溺水发生时儿童可能来不及发出呼救，不注意监护极有可能错失良机；有的父母觉得孩子会游泳就不需要监管,或者泳池有安全员,这都是对游泳安全认识的误区。只要孩子在水边玩耍或游泳,家长就是第一监护人,尽管孩子会游泳,但游泳的技巧不同,对危险的应急处理可能是孩子不具备的。很多溺水事件发生时家长就在孩子旁边,看了一会手机的时间溺水就发生了。这些不幸事件的教训应该汲取。

4. 社会监管不到位。

(1) 危险开放性水域的监管缺失:危险开放水域指天然、无人管理的水域。例如湍急的江河,水情复杂和生物不明的湖泊,易形成漩涡的激流,地势情况复杂和水情难料的河湾、海湾等。

(2) 公共游泳场所的管理缺失:公共游泳场所包括公共游泳池、公共游泳海滩等,这些地方的游泳者最多,发生淹溺的可能性就相对较大,故应特别提高警惕,应加强管理。各级管理部门必须按照《全国游泳场所开业技术标准》和《国家游泳场所星级评比标准》等条例,对公共游泳场所实施建设和管理。

(3) 社会配套能力不足:游泳是一项对场地要求较高的运动项目,需要高规格场地及训练有素的管理服务人员等,不像跑步竞走等运动,对场地设施要求相对较低。目前,无论避暑降温还是健身休闲,游泳都是一个不错的选择。但是,设施齐备、管理规范的游泳馆显然不足,加之有些游泳场馆收费不菲,这也是更多的人选择到野外游泳的原因之一。

(三) 预防措施

预防溺水的措施很多。安置屏障(如覆盖水井、使用入口屏障和围栏、给游泳池安装护栏、戴游泳圈等)以控制水危害的发生途径,或彻底去除水危害,可以大大降低与水危害的接触和风险(图 9-9)。

1. 以社区为基础,对辖区内的水域进行安全管理,减少儿童溺水风险。

2. 对儿童培训基本的游泳技能、游泳防护的安全知识、水上安全知识和求生技能　须在一个整体的风险管理系统下进行,该系统应包括经过安全性测试的课程、安全的培训区域、筛查和挑选儿童,以及为确保安全性而设置辅导员比例。

3. 家长监督并引导儿童游泳安全技能和行为规范　要告知儿童,如果想去游泳,一定要告诉家长,不要偷偷去;带儿童去正规游泳场所游泳,并告知一定要在家长或者专业游泳老师的监护下游泳;未成年的兄弟姐妹不能作为儿童的监护人陪伴去游泳;家长在看护时,不能将儿童单独留在水边或在水中游泳;与儿童的距离要伸手可及,专心看管,不能分心;游泳前准备工作要充足,准备并使用合格的漂浮设备,可根据孩子的性别、年龄和体重等选择合适的游泳圈和救生衣等;游泳前要进行热身和准备活动,以使肌肉得到放松,防止游泳时腿抽筋(图 9-10);下水前先试一下水温,适应水温后再下水;学会基本的

图 9-9　预防溺水

图 9-10　游泳前的热身活动

应急自救措施，积极向最近的他人求助；记住报警和急救电话，报警电话110，消防电话119和急救电话120。

4. 有效的政策和法律规定也是预防溺水的重要措施 制定和执行安全的船艇、航运和轮渡规定是改善水上安全和预防溺水的重要措施。

5. 制定国家水上安全战略，可以提高人们对水上安全的认识，为多部门行动和开展有关工作的监督评价提供战略方向和框架。

（四）溺水的救援和急救

1. 落水自救 如果不幸落水，保持冷静最重要；抓住身边的任何漂浮物，例如木板、树枝等，借住它们的浮力，寻找机会抓住建筑物、大树等固定的物体；不会游泳者不要因紧张害怕而放弃自救，落水后应该立即屏气；在挣扎时利用头部露出水面的机会换气，并寻找可以抓得住的物体，再屏气，再换气，如此反复，就不会沉入水底。

2. 当他人发生淹溺事件，成年人作为第一目击者应立刻启动现场救援程序，如果是儿童作为第一目击者，应立即呼救，不要擅自下水救人。

如果是在自己了解的较浅的水中发生溺水，例如泳池、浅沟渠等，应立即将儿童救上来；如果是在陌生水域发生溺水，不要贸然下水营救，而应呼叫周围群众援助，有条件应尽快通知附近的专业水上救生人员或消防人员或拨打110或119。同时应尽快拨打“120”急救电话。第一目击者在专业救援到来之前，可向遇溺者投递竹竿、衣物、绳索、漂浮物等。

急救措施：在120指导下，对患者进行判断，如果发现患者无意识、无呼吸或仅有濒死呼吸，可在120调度指导下进行徒手心肺复苏。尽早开放气道和人工呼吸，同时结合胸外按压。上岸后要立即清理溺水者口鼻的泥沙和水草，以开放气道。儿童现场心肺复苏术主要分为三个部分：开放气道、人工呼吸、胸外心脏按压。

急救时的体位：进行人工呼吸和胸外按压的体位为平卧位；如果患者存在自主有效呼吸，应置于稳定的侧卧位（恢复体位），口部朝下，以免发生气道窒息。在CPR开始后尽快使用半自动体外除颤器（automated external defibrillator，AED）：将患者胸壁擦干，连上AED电极片，打开AED，按照AED提示进行电击。

注意：如果患者在水中，使用AED时应将患者脱离水源。但当患者躺在雪中或冰上时仍可以常规使用AED。

四、跌倒/落伤

（一）概况

WHO定义跌落为导致一个人跌到地面、地板或其他较低平面上的非故意事件(图 9-11)。跌落高度≥2m 称为跌落。WHO 发现,跌倒 / 落是非致死性伤害的首要原因,全球每年有大约 47 000 名 20 岁以下的儿童青少年因跌落而死亡,15 岁以下儿童因跌倒 / 落伤害造成 50% 的伤残调整寿命年的损失。我国 0~19 岁儿童青少年跌倒 / 落发生率为 6.5%,是第四位伤害死亡原因,占造成 0~17 岁儿童青少年伤害死亡的 7.5%。

图 9-11 跌倒

儿童青少年跌倒 / 落可能导致严重的后果,例如严重头部损伤、脊椎损伤、胸腹部脏器损伤和四肢骨折等。跌落伤表现为病情复杂、受伤器官多、并发症多和应激反应强烈等特点,因此跌落是导致儿童住院和急诊就诊的最常见的原因。跌落高度越高,伤害严重程度评分越高,病情越严重和复杂。跌落高度≥3 层楼(7.3 米)很可能造成骨折或死亡,需住院治疗。我国儿童跌落伤住院病例最常发生的地点是建筑物窗户和阳台,其次是机动车上。非住院跌倒 / 落伤最常发生的地点是家中,其次是操场 / 活动场所。

(二)儿童青少年跌倒 / 落的原因

1. 玩耍或运动时防护不利　与儿童青少年常在操场上玩耍、游戏、运动有关,在操场或室外运动或参加体育活动时,未戴护膝、护肘和安全帽,滑倒时受伤。

2. 年龄和性别因素　从年龄上来说,儿童青少年的跌落基本是自身在活动时造成的。儿童室内外活动频率和范围都比较广泛,活动、好动、好奇心重,骑车和滑板时速度较快,是导致跌落的常见外因。男童的冒险精神更强,因此跌落的危险高于女童。

3. 运动场所设施、器材不完善　例如杠杆不稳,设备长时间没有维护,出现问题没有及时维修,导致儿童跌落。操场或活动场所的地面不平,灯光不够亮等因素,可能导致运动时滑倒或绊倒。

4. 建筑物平台或阳台缺乏护栏,尤其是家庭和学校教室窗户,栏杆高度应达到安全标准。

5. 乘坐机动车、自行车或电动车时未防护,儿童可能从车上跌落。

（三）预防措施

1. 安全教育 跌倒/落是最常发生的一种意外伤害，应从小就告知儿童在走路、运动、玩耍时都要预防跌倒/落发生。

（1）家庭要从小培养儿童安全行为：进行跑步、打球、骑车、滑板等运动时，应做相应的准备和防护，例如跑步时穿防滑的跑步鞋，跑前要做准备活动；打球时要选择地面平坦的球场，穿相应的鞋子和衣服，保证活动时的宽松。骑自行车和滑滑板时最好戴安全帽和护肘护膝等，同时选择合适的路段赶时间骑行。在高处活动时要预防跌落，例如爬山、远足时，除了要配备相应的装备外，做好防护也很重要。

（2）以学校为基础的安全教育：学校应提醒学生在学校教室、操场、楼梯和卫生间等场所活动时可能的伤害，并进行警示；培训学生在操场进行体育活动时的注意事项，预防跌落导致的严重后果。

（3）以社区为基础的安全教育：社区宣传相关知识，张贴相关的宣传标语，保证社区活动场所的规范和安全，对小区锻炼设备、电梯、楼梯等场所经常进行维护，地板保持干燥，平整等。

2. 改造环境，制定建筑标准来减少儿童从高楼跌倒/落的危险。

（1）要求屋内所有楼梯都必须配备栏杆，高层建筑的窗户要装上护栏。

（2）照明设备齐全，亮度足够。

（3）在浴室使用防滑地面，并安装手扶栏杆。

（4）学校操场地面安装抗冲击的材料，操场设备要达到完全标准，经常检查和维护。

（5）公共场所要有防滑倒提醒。

第三节 儿童青少年健康安全促进的基本知识和健康教育

儿童青少年安全是全社会都应关心的问题，社会各部门应对儿童青少年安全建立相关规定。安全教育是一个终身的过程，维纳（Wehner）等在学校对6~9岁儿童进行了有关头部和脊髓受伤的教育，该项目实施后1年，儿童因为头颈部受伤而入院的发生率从73%降到65%，2年后降至51%，可见健康教育对伤害预防的效果显著，而且持续时间越长，效果越好。因此，对儿童青少年的安全教育应贯穿全生命周期。

由于不同意外伤害类型发生的原因不同，因此应根据伤害类型制定不同的健康教育内容。同时要考虑儿童认知水平，按年龄采取不同的教育方式，采用图文结合、案例教学的方式加大伤害预防健康教育的可接受性，提高健康教育的效果。按儿童意外伤害发生率高低，对常见意外伤害，制定优先关注伤害类型，重点进行健康教育宣传（图 9-12）。

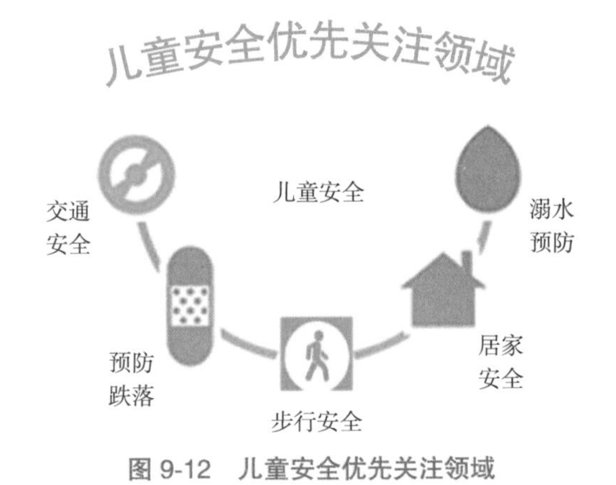

图 9-12　儿童安全优先关注领域

一、儿童青少年生命安全促进的基本知识健康教育

1. 安全意识、安全行为的相关知识健康教育　应从小培养儿童安全意识和规范安全行为，并具备足够的意外伤害预防意识。如步行、乘坐公共交通、机动车、骑自行车、运动和娱乐休闲等儿童青少年相关的安全行为规范及知识框架，根据认知水平和知识水平要求不同年龄儿童青少年需要掌握的安全知识、行为和相关技能，并持续整个学龄教育阶段。

2. 伤害预防相关技能的健康教育　培养安全意识和安全行为，同时进行意外伤害防护技能的健康教育，如骑自行车应戴头盔，应在自行车道骑行，不能到机动车道骑行，不要冲撞他人；滑滑板时应戴头盔和护膝；乘坐机动车时应佩戴安全带和使用安全座椅；公共场所玩耍时应配合工作人员安全要求佩戴安全带和遵从安全指示进行游玩；上下楼梯时不要拥挤推搡打闹等；同学之间嬉戏时动作不要用力过猛；步行过马路时要观察红绿灯和来往车辆速度等。

由于儿童对自我控制能力较弱，在玩耍时容易忘乎所以和冲动行为较多，这些看似简单的技能需要不断地重复提醒，并在日常生活中进行正确示范和指导。

儿童意外伤害健康教育应注重实践性，树立榜样，老师和家长以身作则，在日常生活中潜移默化，春风化雨，渗透到儿童内心深处，形成常规动作，这是一个旷日持久的行为。

二、以家庭为基础的意外伤害预防家庭健康教育

1. 父母监护技能和安全知识培训　研究显示很多儿童意外伤害发生在家中，例如跌落伤、切割伤、烧烫伤、中毒，甚至包括婴儿或儿童的溺水事件，可能是父母监护缺失导致，或者是父母没有告知危害导致，如果父母/监护人能够提前预知伤害风险，把可能的伤害风险降到最低，这部分伤害是可以避免的。

2. 监护人对儿童伤害的意识、发生风险的判断、伤害预防知识和技能　根据儿童年龄来识别家中或周围可能存在的危险和危险物，及时排除发生的可能性。例如家中阳台栏杆的高度要根据家里儿童身高增加而加高。骑自行车的头盔需要随着年龄增加、头围的增加更换。

3. 家庭安全环境　定制家庭环境安全包，针对家庭不同年龄儿童进行安全环境警示，消除家中潜在的伤害危险。例如剪刀、药物、电源等危险物品不能放在儿童可以够到的位置。家中厨房的热水瓶、炉灶等要把儿童隔开，要告知5岁以上的儿童危险，不能触碰。卫生间注意防滑，浴缸水不要放太满，无人的情况下浴缸、水桶、大盆不要存水，避免儿童不小心滑倒导致伤害。

三、以社区为基础的安全健康教育

1. 营造社区安全环境　社区管理者有义务进行安全知识宣传，对防火、防跌落、防滑倒等进行定期宣传，同时对儿童游乐场所的设备定期进行维护、消毒，对不安全的设备进行移除。对游乐场所的地面进行防滑倒和防撞处理，地面铺设海绵缓冲物，防止儿童跌落时致伤。对攀爬设备高度进行限制，并提醒监护人监护到位。

2. 社区安全意识　社区人员具有预防意外伤害的意识，在维护社区安全方面提前预知，并提前进行警示。在公共场所张贴预防伤害和相关安全贴图、警示牌和警示标语。电梯间贴出安全行为规范，对儿童违反规则的危险行为及时提醒和告知家长，避免造成伤害损失。同时要告知监护人违反这些安全行为规范造成的后果处置措施，以引起其重视。

3. 出台社区安全行为和规范，发放到所有住户，并进行反馈，以便让所有人尽知。

四、社会层面的安全规范制定与执行，是儿童青少年安全的重要保障

儿童青少年安全不容忽视，在社会的各个层面都不应存在其影响伤害的“隐秘角落”。社会层面包括社会氛围和公共场所两方面的伤害预防相关知识

和预防措施。儿童安全应该是社会制定一切行为规范首先考虑的内容。在社会上形成“一切以儿童安全为宗旨”意识氛围，使儿童受到足够的保护和优先照顾。呼吁制定相关的法规强制执行儿童安全相关的条例，如儿童道路安全、泳池安全、环境安全、食物安全、家庭安全等，保证相关措施执行到位。并根据伤害类型和伤害发生的原因进行预防干预措施，监督和强制个人、家庭、社区和社会等不同层面进行落实（见第二节预防措施部分）。采用法律法规措施来影响人们的行为，如制定安全带法和儿童安全座椅法强制人们保证儿童乘车的安全行为。制定法规要求游泳池配备安全监督员和相应的救生设备，确定儿童游泳安全。制定机动车礼让行人等交通法规确保儿童过马路的安全等。

第四节　儿童青少年预防意外伤害与健康管理

一、伤害预防与儿童青少年安全健康促进措施

1. 伤害预防的理论依据　WHO 指出意外伤害预防是一项需要全国范围多部门合作的综合系统工程。必须有卫生、交通、司法、管理、教育和文化等各系统综合参与，制定全方位的伤害预防策略和措施，从国家、省市、县乡、街道和社区等各部门协力组织，才能从根本上达到预防的目的。

伤害是可以预防的。20 世纪 60~70 年代提出了“Haddon 模型”也称“Haddon 矩阵”“三阶段 - 三因素理论”，见表 9-1。该模型考虑了意外伤害发生的影响因素与发生阶段，它提供了一个全面、系统的结构范畴和理论框架，从微观到宏观层面剖析潜在的危险要素，为儿童意外伤害的防控提供了全面的指导。Haddon 模型建构了两套互补的概念框架，以理解伤害的发生和发展相应的预防策略。

表 9-1　Haddon 矩阵

阶段	因素			
	宿主（人）	媒介	物理环境	社会环境
伤害发生前（潜在的导致伤害发生的因素）				
伤害发生时（降低伤害严重性）				
伤害发生后（减少伤害影响，如康复、减少残疾等）				

公共健康体系下对伤害控制的定位应基于宿主（host）、媒介（agent）和环境（environment）三因素的相互作用。另外，为了描绘媒介 - 宿主 - 环境的概念，在横列上，Haddon 明确了四个要素：宿主（受伤害的人）；媒介，被界定为“能量”，它通过无生命物（如车辆、火警），或者有生命物（如攻击者）传递至宿主；而环境因素包括物理环境和社会环境，物理环境是潜在伤害的促进因素或直接因素（道路、建筑、操场等物理状况），社会环境指影响伤害进程的社会政治背景，例如政治环境（积极采取监管措施以限制骑摩托车的自由）、法律环境（对安全带使用的立法等）。“Haddon 模型”已被用于界定伤害的病因学分析，也被用来指导流行病学的研究和发展干预策略。

2. 意外伤害预防的四 E 干预措施　四 E 干预措施指通过健康教育（education intervention）、强制干预（enforcement intervention）、工程干预（engineering intervention）和经济干预（economic intervention）4 种措施进行伤害预防。

二、伤害预防三阶段应用模型

以儿童行人为对象制定的机动车道路伤害三阶段预防措施模型，见表 9-2。针对每一个环节进行健康教育和工程改造危险环境，加强法律监督和执法作用，转变危险行为，机动车道路伤害是可以预防的。

表 9-2　应用 Haddon 模型确定儿童行人机动车伤害的危险因素及预防措施

伤害发生的阶段	儿童因素	机动车和安全装置	物理环境	社会环境
事件前	性别、年龄、缺乏监护，危险行为，冲动行为，违反规章制度的行为，缺乏警察的强制	车灯亮度不够，车辆性能不好，刹车和制动装置的性能，车速、超载	道路设计不合理和路面状况差，无限速规定，无安全护栏，无酒精限制法律，缺乏步行者安全的基础设施	贫穷，单亲家庭；家庭规模大，母亲教育程度低，监护者和教育者缺乏危险意识
事件中	儿童身体发育和形体大小；缺乏保护性设备。儿童患有其他疾病	未正确使用或安装儿童约束装置和安全带；未使用自行车和摩托车头盔；车辆的碰撞保护设计缺陷；无翻车保护设计	路旁物体，如树木和栏杆	缺乏车内和道路上的安全环境

续表

伤害发生的阶段	儿童因素	机动车和安全装置	物理环境	社会环境
事件后	儿童恢复能力差；儿童整体状况；缺乏适当的卫生保健；创伤后并发症	难以接近受害者，缺乏训练有素的卫生保健和急救人员	缺乏有效的院前、现场急救和康复治疗	受伤害者缺乏支持性环境，未得到现场急救

三、儿童青少年意外伤害预防健康管理

《"健康中国2030"规划纲要》指出，健康是促进人的全面发展的必然要求，是经济社会发展的基础条件。根据伤害发生的危险因素及干预措施，从个人、家庭、社区和国家不同层面构建健康管理体系。医疗进步、院前干预和创伤管理、立法改革以及安全倡议（如游泳池围栏、头盔、儿童防护药物容器、不易燃衣物、热水回火）和机械安全进展（如车辆后检摄像头）都有助于提高创伤后儿童的生存和/或减轻所受伤害的严重程度。然而在中国仍没有在全国范围内对受伤儿童的伤病特点和生存进行全面综合评估。这种关于儿童伤害的深度信息对于确定伤害负担、伤害预防战略的优先安排、资源规划、伤害趋势的时间变化、医疗费用和评估伤害预防措施的影响至关重要。今后在改善儿童伤害后生存和促进伤害预防战略方面取得的任何进展，都可能源于院前护理和创伤管理、倡导制定有效的儿童伤害预防措施等方面的持续改进。

（一）贯彻全生命周期的理念的伤害预防健康管理

从出生就应进行安全育儿、安全行为、伤害防护技能培训，按年龄划分，在不同年龄阶段进行重点伤害预防，培训父母对儿童伤害的预防意识，掌握从婴儿期、幼儿期、学龄前期、学龄期及青少年时期不同阶段的伤害预防的知识、方法和技能，营造安全家庭环境，培养安全行为和规范，不同的年龄段教授相应的伤害预防知识和技能，避免伤害发生。

（二）建立安全社区健康管理模式

社区的物理环境应是安全的。国家卫生健康部门出台社区安全物理环境指南，规定社区的环境应符合国家安全要求，例如电梯维护、楼梯照明、地面干燥防滑、拐角处应进行防撞处理，小区游乐设施需配套符合安全要求的设备，例如地板防跌倒和防撞伤的海绵地垫、锻炼器材安全无损。社区还应经常进行安全教育、伤害预防知识讨论，发放安全手册到户，对有儿童的家庭进行安全家庭环境监督等。对父母的不安全行为进行批评监督。配备相应的社区卫

生人员进行定期检查，不合格的进行整改，并根据伤害类型进行专项重点宣传（图 9-13）。

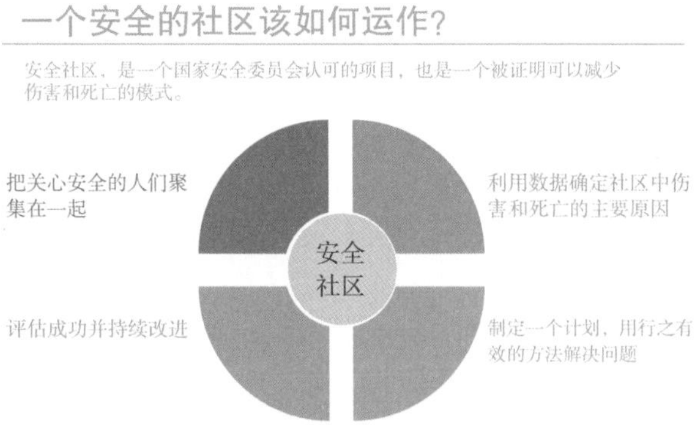

图 9-13 建立安全社区

（三）建立安全社会规范，营造良好的健康的社会风气

随着互联网和电子技术的发展，监控摄像、电子设备可以渗透到任何角落，可以把这些技术应用到伤害预防的管理中来。以道路交通伤害为例：

1. 多部门合作的健康管理模式　把伤害预防知识和技能纳入学生体检范畴，监测儿童青少年危险行为，每年的体检把意外伤害发生情况纳入评估内容，了解意外伤害的发生情况、发生原因、伤害类型、后果等，可作为卫生管理部门制定决策的参考，也可帮助教育部门开展健康教育。另外公安系统、交通部门每年定期到校进行知识讲解，例如交通法规、安全行为等。并介绍一些典型交通事故和意外伤害案例，进行分析和讲解，让学生有更加直观的理解。

2. 以学校为基础的健康管理项目。

（1）开展系统的安全行为和自救技能健康教育项目：按年龄、认知水平和知识水平制定适合不同年龄的安全教育资源，作为学校的常规课程在各年级分阶段进行安全教育，并进行考核。借鉴国外道路安全教育方法：

第一阶段，面向 1~3 年级的学生：主要通过视频讲解和游戏的方式讲授日常生活中的危险，如何避免发生意外，并培养安全行为，遵守各种规章制度，例如识别道路上的交通安全隐患，过马路走斑马线，看红绿灯，下楼梯和乘电梯等安全行为。

第二阶段，面向 4~6 年级的学生：该阶段资源将安全知识和数学、物理等其他学科结合起来，增加儿童的学习兴趣。例如车辆盲区、刹车距离、分心行为、安全带的使用、操场的路面、栏杆的高度和游泳安全等内容。

第三阶段，面向 7~9 年级的学生：主要目标是通过 3D 动画游戏的形式让学生充分了解道路上的风险、分心驾驶行为的危害，观看纪录片并进行讨论和反馈。

第四阶段,面向10~12年级的高中学生:该阶段的主要内容可包括驾驶知识,即分心驾驶的危害、与行人和骑行人保持安全距离、安全带、乡村道路的驾驶、超速行驶的危害、操场跌倒、撞伤、溺水危险、急救知识等,观看纪录片并进行讨论和反馈。

(2)每学期进行安全行为监测,并发布学生存在的危险行为,多种形式进行宣传,例如张贴画报、日间广播、周广播、班课等形式。也可采用小品形式,角色扮演展示危险行为的严重后果,从小培养安全意识,减少意外伤害的发生。

(3)校际间进行安全知识和技能的友谊比赛,以使培训课程更加生动有趣,保证学习效果的可持续性。

3. 增强医疗能力,促进创伤后生理和心理健康。

(1)发展有组织的院前和医院综合急救系统,医院应健全医疗体系,针对意外伤害突发性、严重性、多发性、群体性等特点,建立有效的医疗急救服务体系,形成以现场急救、院前急救、院内急救和创伤ICU为一体的救治新模式,并且制定相应的创伤急救预案。

(2)加强院前急救人员对儿科急救的专业培训,掌握不同年龄阶段儿童生理特点,制定儿童交通伤害的抢救规范,提高专业救治水平。

(3)促进社区急救员培训:定期进行张贴儿童安全相关的宣传画,给患者发放免费的宣传册,对住院患者开展安全宣传周,院外开展安全讲座等活动,在群众中普及现代救护概念和技能,提高自救、互救能力。

(4)重视儿童伤害后的康复服务,包括身体的康复和心理创伤的咨询与治疗。

四、预防儿童伤害,促进儿童健康的国际举措

全球化涉及一系列社会经济、文化、政治和环境的发展,全球化加强了国家、企业以及人与人之间的联系。通过全球化,伤害预防的知识和理念得以快速传播和迅速发展,以及全球民间正式和非正式网络团体的不断发展,对伤害问题产生了积极的影响。

1.《儿童权利公约》 强调了社会的责任是保护儿童(从出生至18周岁),并为其提供适宜的支持与服务。该公约进一步申明了儿童拥有达到最佳健康水平的权利,以及获得安全环境保障、免于伤害和暴力的权利。

2.《世界卫生大会决议》着重强调推荐WHO关于暴力与健康与道路交通伤害预防的全球报告。这些均包含在世界卫生大会关于暴力与健康决议(WHA56.24),以及关于道路交通伤害预防决议(WHA57.10)之中。

3. 联合国千年发展目标　联合国成员国承诺将在 2015 年实现所有八项千年发展目标。如果不将伤害预防纳入工作的框架中，一些国家可能无法实现这第四项目标。联合国千年目标的制定也促进了中低收入国家在儿童伤害预防方面的工作。

4. 儿童生存　儿童生存成为了全球越来越重要的议题，人们日趋关注儿童和年轻人的健康状况。实际上，儿童生存现状也被称为“新千年最紧迫的道德难题”。

（沈　敏）

第十章 儿童青少年生命安全自救与社会支持

生命只有一次，危险却无处不在。面对死亡的威胁，哭喊、祈求、挣扎均是徒劳，知识和智慧才是打开求生之门的钥匙。作为家庭的未来、社会发展的希望，处于人生起步阶段的儿童青少年都应该积极学习生命安全这门人生必修课，努力增强安全防范意识，提高自救自护能力。只有生命安全了，才能谈教育、谈成长、谈幸福。

第一节　儿童青少年成长中会遇到的问题和反应

社会安全直接关系到人民的生命安全与切身利益，儿童青少年作为弱势群体，具有身心脆弱性与健康易损性，在安全事件中更易受到伤害，其成长中会遇到的问题主要来自以下 4 个方面：学校内的校园暴力、家庭中的家庭暴力、社会上不法伤害与暴力侵犯以及个体出现的越轨行为。

一、学校：校园暴力

2019 年 10 月上映的电影《少年的你》引发了全社会对校园暴力的关注和讨论。有人质疑电影中的校园霸凌情节太过夸张，学生和学生之间怎么可能欺负到这种程度，然而现实校园生活中的校园暴力远比影视作品更残酷和触目惊心。

校园暴力指发生在各级各类学校及其周边地区的，导致师生身体和心理伤害、造成师生财产和名誉受损、破坏学校正常教育秩序等达到一定伤害程度的侵害行为。2018 年最高人民法院发布《校园暴力司法大数据专题报告》显示，在校园暴力案件中，88.74% 的受害人存在不同程度的伤亡情况，其中 11.59% 的案件受害人死亡，31.87% 的案件中受害人涉及重伤，在涉及故意杀人罪的校园暴力案件中，67.44% 是因琐事而起，21.74% 是因感情问题，4.65% 是为发泄个人情绪，由此可见，校园暴力已经严重威胁了儿童青少年的生命安全。

校园暴力通常分为沉默性暴力、语言性暴力和肢体性暴力 3 个类型。沉默性暴力即“冷战”式暴力，如小群体的成员联合起来突然孤立某人、长时间不与某人说话交流，使其失去群体内的归属感，产生孤独感和心理上的郁闷烦躁情绪。语言性暴力是最为常见的类型,语言是最简单的工具,主要表现为当众嘲笑、辱骂以及给他人取侮辱性绰号等,倚仗语言的气势,看被欺凌同学的反应,如果不敢还嘴反抗就会成为每天被骂的受气包,一旦还嘴反驳,可能引发下一步更强烈的攻击。肢体性暴力如推撞、拳打脚踢、扇打以及抢夺财物等,是最容易察觉的欺凌形式。情形更为严重的是,勾结社会闲散人员或者其他曾经的同学,通过以强欺弱、以多欺少、以大欺小等手段,打架斗殴,造成人身伤害,甚至是刑事犯罪。

面对种种类型的校园暴力,青少年常见反应有以下两种:一是忍气吞声、逆来顺受,不敢告诉家长、老师,将痛苦与委屈埋在心底,影响正常的学习和生活,严重伤害了青少年的身心健康;另一种则是纠集他人事后报复,以暴制暴,甚至可能从受害者变成加害人,破坏了校园秩序。

二、家庭:家庭暴力

从黑龙江4岁女童被继母殴打致重伤,到广东汕头亲生父亲因妻子出轨虐儿事件,这些家庭暴力事件严重危及儿童的健康成长,也吞噬着孩子对未来生活的希望。家庭暴力简称家暴,指发生在家庭成员之间的,以殴打、捆绑、禁闭、残害或者其他手段对家庭成员从身体、心理、性等方面进行伤害和摧残的行为。据北京青少年法律援助与研究中心2014年发布的《未成年人遭受家庭暴力案件调查与研究报告》,儿童遭遇暴力八成以上“凶手”是父母。

家庭暴力可分为行为暴力、精神暴力、间接暴力等类型,其中行为暴力是最常见的暴力类型,包括一切造成儿童心理与生理创伤的行为,如殴打、捆绑、残害、体罚、关禁闭等,具有很强的伤害性和反复性。精神暴力通常表现为过度否定、过多干涉或者过于冷漠,实际上是对子女精神上的压迫与虐待,一般具有隐蔽性、持久性特点。间接暴力顾名思义即子女并非直接承受暴力行为的受害者,而是身处父母、监护人或与之形成抚养关系的其他家长的暴力环境中所承受的心理影响。

家庭暴力给子女带来的影响是沉重而直接的,曾有一个问卷调查:当你父母打你的时候,你心里在想什么? A、改,B、怕,C、恨,结果没有一个孩子选择“改”,有40%的孩子选择了“怕”,而剩下的60%的孩子全都选择了“恨”。家庭暴力严重侵害了受害者的人格尊严和身心健康,而面对家庭暴力,大多数孩子的反应为恐惧和焦虑,轻则影响情绪,产生自卑、孤独情绪,影响学习和生活,重则可能离家出走、荒废学业,走上犯罪道路,甚至丧失生存的信心和勇气。

三、社会:不法伤害与暴力侵犯

如今性侵、诱拐、绑架、抢劫等恶意侵犯未成年人权益的案件越来越多,给家庭带来沉重负担的同时也为整个社会敲响了警钟。

以性侵为例，中国少年儿童文化艺术基金会女童保护基金（以下简称“女童保护”）和北京众一公益基金会共同发布《2019年性侵儿童案例统计及儿童防性侵教育调查报告》显示，2013—2019年，每年媒体公开报道的儿童被性侵的案例分别是125起、503起、340起、433起、378起、317起、301起（其中，2013—2017年统计案例为14岁以下儿童，2018年起为18岁以下儿童）。但报告统计的案例数量并不等同于全年性侵儿童案例总量，学界的共识是，由于诸多因素，性侵儿童案例难以全部被公开报道和统计，进入公众视野的案例仅为实际发生案例的冰山一角。

近年来层出不穷的性侵案件呈现以下特点：

1. 女童为主要受害群体，男童受害比例有升高趋势　提到性侵，人们往往先入为主认为女性为主要受害群体，但目前，男性受害者人数也在增加。据“女童保护”统计，在受害儿童的男女比例上，从案例数量来看，2019年301起案例中共有293起表明了受害人性别，其中女童为272起，占比92.83%；男童为21起，占比7.17%。性侵男童更具有隐蔽性，不容易被发现，当性侵男童案件发生后，周围的人甚至不相信有这样的事情发生。

2. 社交型性侵害情况严重，即熟人犯罪比例增加　熟人作案具有隐蔽性，例如老师、亲属、邻居、同村人等，凭借与受害人的亲密关系或居住区域相近的便利条件，利用熟人身份、身体优势、权力威胁对青少年实施性侵害，在这种情形中，受害者往往不敢声张，不敢报警维权。

3. 监护缺失的儿童更容易受到侵害　北京市司法工作人员分析近年来的性侵儿童案件成因显示，绝大多数是因监护缺失导致的施害者临时起意，而非有计划的蓄意犯罪。其他调查显示，在经济欠发达地区，农村留守女童受害者多；经济发达地区，流动女童受害者较多。

性侵严重危害青少年生理、心理和行为的正常发展，在生理层面，可能由于过早的性行为使得儿童的身体器官受损或功能丧失，如生殖器官受到严重损伤，出现早孕、流产、感染性传播性疾病等问题，影响受害者一生。在精神和心理层面，遭受性侵后，受害者通常会表现出恐惧、不安、自闭以及成年后适应社会困难等心理问题。在行为层面，儿童可能会对自己产生扭曲看法，产生羞耻感，做出自残、自伤行为，或因为性侵后进行模仿，让性侵蔓延扩展或产生攻击性的行为。同时，由于此种犯罪的特殊性，需要着重保护受害者的个人隐私，一旦造成“二次伤害”，则受害者难以回归正常的生活学习轨道，甚至不得不逃离原本的生活环境。

除了性侵问题，拐卖、绑架、勒索等不法伤害或利用青少年实施犯罪的案件也不在少数。每一个被拐失踪儿童背后，是一个个崩溃的家庭。现实生活中，不少人贩子伪装成公职人员、冒充亲戚或熟人或以食物引诱，将儿童拐走，以谋取高额利益。还有一些别有用心的成年人，为降低自身的犯罪成本，利用儿童青少年法治意识淡薄、辨别能力低、自我保护能力不足、社会经验少等弱点，拐骗、引诱、指使未成年人实施违法犯罪活动，一些儿童因家庭生活不顺心、厌学、好奇心、叛逆等原因，被犯罪分子以挣钱、游玩为借口诱骗，从此远离正常的成长轨道。这些不法伤害与暴力侵害手段极大阻碍了青少年的健康成长，更严重危害了社会的和谐稳定。

四、个人：越轨行为

越轨是社会学术语，指违反一定社会的行为准则、价值观念或道德规范的行为，对儿童青少年而言，越轨行为包括自杀、反社会等脱离生活正常轨道甚至涉黄赌毒等违法犯罪行为。

青少年越轨行为往往被视为青春期叛逆，然而一旦放任自流不加以正确引导，很可能酿成大祸甚至危及生命。越轨行为呈现以下特点：

1. 低龄化　低龄化现象的出现，一方面反映了当前青少年普遍早熟的问题，在辨别力和自控力极度欠缺的年龄接触到各类负面的信息，在对是非善恶缺少理性思考、对信息价值判断和认识存在偏差判断的情况下，做出越轨行为。以吸食毒品为例，毒品亚文化将一些新型毒品粉饰为时尚行为，容易使涉世未深的青少年产生误解，尤其有女性青少年提出自己吸毒是为了减肥。长期吸食毒品会导致身体营养不良、体质恶化，看似变瘦了，但这是一种病态的身体状态。

另一方面，越轨行为的低龄化也反映出了青少年所在的家庭和学校在教育和监管方面存在不足，以致部分青少年心理和行为上的偏差没有得到及时的矫正，最终产生了违法犯罪的严重后果。自杀现象的低龄化是典型表现，学习压力、师生矛盾是造成青少年自杀的一大导火索，家庭教育的缺乏也易使其产生较低的自我价值感，进而将自杀作为一种解决问题的方式。

2. 团体性　团体性是由青少年年龄小、思想不成熟和依附性强等特点决定的。他们在实施犯罪时往往有胆怯心理，总感觉一个人作案势单力薄，所以就纠集多人形成“作案氛围”，一哄而上，既能互相壮胆，又能分工合作。由于团伙成员彼此为越轨行为、犯罪行为辩解、开脱，在相互影响之下，似乎每个人都不必为所犯的错误负责，以致一些青少年逃离家庭、学校，做出更严重、更恶劣的行为。

3. 反复性　近朱者赤，近墨者黑，违法犯罪的青少年，既有可塑性强、易于改造的一面，同时也存在着较大的反复性。一是在看守所、监狱的“交叉感染”，使其学会了更多的犯罪“技术”，由以前的“一面手”变成“多面手”，并且胆子更大，反侦查性更强。这也是青少年犯罪率居高不下、恶性案件频繁发生的一个重要原因。二是出狱后难以承受他人的眼光，易受他人歧视，且由于意志薄弱，经不起不良因素的影响，而重新走上犯罪道路。三是越轨行为成功后，有了心理上的释放和不正当成就感，不由自主地继续实施犯罪行为。

第二节 儿童青少年如何自觉采取自救技能和方法

不求赢在起跑，但求赢得全程，青少年能否安全健康地成长是远比学习成绩好坏更为重要的事情。生命只有一次，只有树立正确的安全理念、掌握切实可行的自救技能、保持和谐的人际关系、养成积极向上的生活习惯，才能最大程度地规避风险，并以最佳策略应对可能出现的问题与危险。

一、安全理念：强化自我保护意识，遇到问题及时报告

儿童青少年的生命安全不能仅仅依靠学校、家庭和社会的保护，拥有自我保护意识是避免和降低伤害更为重要的因素，在遇到校园暴力、勒索、敲诈等不法伤害与暴力侵犯时，青少年常常会因为害怕、畏惧甚至是羞愧而选择逃避、隐瞒、默默承受，但一再的退缩并不会激起他人的怜悯，因此要树立正确的安全理念，不能“怕”字当头，而是要及时报告、搜集证据、敢于抗争，但要注意方式方法，避免吃眼前亏。“不怕”不意味着逞一时之勇，而是在力所能及的前提下与之抗争。面对欺凌，不做“沉默的羔羊”，勇敢地讲出欺凌事实，树立强烈的报告意识和证据意识，及时求助学校、家长和警察。

二、防护技巧：掌握自我保护要领，学习自救防身技巧

个人树立的防范意识、学会的应急自救技巧，在一定程度上决定着其是否受到伤害和受伤害的程度。如果说自我保护意识的重点在于未雨绸缪，是在危险发生之前心理上的警惕意识，采取主动避险的方式方法，那么自救防身技巧则是在面临危险时使用的自卫技能，其目的不是为了暴力解决问题，而是在遭受暴力侵害时将伤害降至最低。在特定情况下，自救防身技巧可能就是我们幸免于难的那根救命稻草。因此，青少年应做到以下三点：

1. 积极参加安全教育培训　青少年应积极主动参与学校组织的安全演练实践、安全教育活动、防身与自救培训等，熟悉掌握一些常见的防身招式，多一分自律和警醒。

2. 牢记家庭关键信息　平时应当注意准确地记下自己家庭所在的地区、街道、门牌号码、电话号码及父母的姓名、工作单位名称、地址、电话号码等，在

电话上设置报警快捷键,学会在紧急情况下拨打110,明确表达“我需要帮助”,以便需要联系时能够及时联系。

3. 严守个人隐私信息 学会识别可疑人物,如果任何一个成年人要求你保守一个可疑的秘密,你完全可以将其告知父母。只要这个人你不认识,无论他说什么,都不要轻信,更不要多说话,应迅速走开。

(1) 在学校遇到校园欺凌怎么办:要明白人身安全是首位的,面对围困时要避免使用挑衅性语言激怒对方,防止暴力发生或升级;当看到有同学被欺负时,应尽快报告老师,如果是看到低年级的学生,高年级的学生可以介入驱散,防止暴力持续或升级;如果遭到校园欺负,衡量下自己的实力,如果能抗衡,可以自我防卫。

(2) 遭受社会不良人员骚扰的自护自救:当社会不良人员对学生进行言语挑衅,戏弄、殴打、尾随学生到住地骚扰时,及时告诉老师,并向保卫科或学校领导报告;向所在地的安全保卫工作人员讲明情况;如果已经发生殴打或混乱情况,应立即打110报警电话,请求公安部门处理。

(3) 被行踪可疑的人盯上怎么办:不能惊慌,要保持头脑清醒、镇定;可用随身携带的书包、就地拣到的木棍、砖块等作防御;迅速向附近的商店、繁华热闹的街道转移,还可以就近进入居民区或拨打110求得帮助;遇到拦路抢劫的歹徒,要冷静应付周旋,同时仔细记下歹徒的相貌、身高、口音、衣着、逃离方向等情况,待事后立即向公安部门报告。

(4) 遇到困境时如何正确报警:接通电话时,准确描述求助事项的基本情况,如时间、地点、事由,对于陌生的地方,可以通过附近建筑物提供;告诉警察自己的姓名、住址或所在的学校、班级或者老师的联系方式,说明报警时的电话号码,便于联系;对于重大报警案件,同学们最好能够告知更详尽的信息,如涉案的人数、涉案人的体态特征、携带物品和逃跑的方向等。最重要的是,报警时尽量克服焦躁的情绪,吐字清楚,如实反映情况。

三、朋辈关系:谨慎交友择善而从,保持和谐人际关系

朋辈具有“朋友”和“同辈”的双重含义,朋辈群体指由年龄、性别、志趣、职业、社会地位以及行为方式大体相近的人所组成的一种非正式群体。朋辈群体是一个人成长发展的重要环境因素,尤其是在青少年时期,朋辈群体的影响日趋重要,甚至可能超过父母和老师的影响。

对处于身心发育阶段的青少年而言,积极的朋辈群体关系有利于促进个体社会化,能够满足情感交流的需要,实现相互价值认同。与此相对,消极的朋辈关系则对青少年的成长发展起着不良影响,具体表现在两个方面:一是个体与他人的关系不和谐,受到朋辈的排斥和打压,受到校园暴力就是典型表现之一。

二是个体能够与朋辈群体和谐相处，但该群体思想观念消极、悲观、阴暗，群体间互相认同而不自省，形成了朋辈小团体，严重的甚至逃避现实和危害社会。

根据差异交往理论，犯罪行为的学习过程主要发生于个人周围的亲密群体之中，一个人越有机会同罪犯交往，其将来从事犯罪活动的可能性越大。以吸毒为例，如果青少年生活的环境中有大量的犯罪存在，他们将会被吸引，特别是在吸毒成瘾的地方，青少年将会开始吸毒。

由此可见，一个拥有良好人际关系的人，就不容易成为欺凌对象，其生活学习环境更积极向上。因此青少年应提升鉴别能力，谨慎交友择善而从，在交友时多交“益友”，不交“损友”，选择与自己兴趣爱好相投的朋友，摒弃“江湖义气”等不良的交友价值。同时，青少年应多参与不同的兴趣小组和课外活动，开发出因兴趣爱好而建立的健康的朋友圈。

四、生活习惯：养成健康生活习惯，培养良好身心素质

著名教育家叶圣陶先生曾说，积千累万，不如养个好习惯。儿童青少年正处在生长发育的关键时期，一是应养成科学合理的作息时间，坚决远离各种不良诱惑，不沉迷网络游戏，保证充足的睡眠。二是培养独立自主的能力，建立自我价值感和责任感，做一个自信的人。三是积极参加体育锻炼，提高身心素质。俗话说，“打铁还须自身硬”，想要灵活运用防身自救技能，就必须提高个人的力量、耐力、速度等主要的身体素质，拥有健康强健的体魄（图 10-1）。只有这样在面对危险的时候才能更快地作出反应，躲避危险的能力也会更强。

图 10-1　提高身体素质

第三节　儿童青少年生命安全社会支持措施

儿童青少年具有的安全意识和掌握的自救技能在一定程度上有利于规避风险，保护生命安全，但受限于该群体自身的脆弱性、不稳定性和情绪性，面对危险事件缺少足够的应对能力，其生命安全的保障急需全社会的关注与支持。然而以往面向青少年的社会支持举措往往是事后被动解决，因此应建立以需求为导向的儿童青少年社会支持体系，从事后补救转向提前预防和提供发展性服务，筑牢儿童青少年健康成长的安全防线。

一、政府：坚持政府主导，凝聚儿童青少年安全保护合力

儿童青少年的健康成长事关每个家庭的幸福美满，也关系到国家与民族的前途命运。保障青少年的合法权益，为其身心健康发展营造良好的社会环境，是党和国家义不容辞的职责，是实现国家发展的战略工程，更是实现亿万家庭最大希望和切身利益的民心工程。因此，政府应坚持主导地位，各部门通力协作，进一步支持和保障儿童青少年的生命安全，凝聚起青少年保护的强大合力。

各级政府应将儿童青少年保护纳入综合考评体系，作为考核政府领导政绩的重要内容，在顶层设计制度层面上加强安全保护工作，为儿童保护工作在政府系统中的运行提供保障。

司法部门应推进制度建设，筑牢儿童青少年保护法治堤坝。针对儿童青少年犯罪问题，设立严格保密的档案管理制度，切实保证儿童青少年隐私权，同时建立健全侵害儿童青少年的犯罪信息公开制度，依据犯罪类型和危险程度分级分类进行信息公开，危险程度越高，公开的信息越详细，公布时间就要越长。

公安部门应加大管控力度，维护好校园周边治安环境。公安部门应将学校及周边地段作为社会治安重点区域，加强安全保卫工作和安全隐患的治理，

对一切妨碍、扰乱校园正常秩序及伤害儿童青少年身心健康的事件，要从速、从严处理，坚决打击违法犯罪行为的发生。

教育部门应建立健全教育监督体系，落实校园舆情监管。针对校园暴力、发生在校园内的侵害行为，教育部门应制定预防措施、规范处置程序、完善应急预案，积极配合司法、公安部门加强学生法治观念的宣传与引导，同时帮助青少年形成正确的健康观念，鼓励其积极参与体育运动，德智体全面发展。

民政部门应建立健全儿童青少年社会保障体系，针对特殊青少年群体要开展必要的社会救济，同时加强儿童青少年事务社会工作专业人才队伍建设，为儿童青少年健康成长保驾护航。

二、媒体：加强行业自律，引导儿童青少年树立正确价值观

在信息化时代，移动互联网和电子设备的普及使得新媒体平台成为整个社会交往的基本框架，作为互联网的原住民，当代儿童青少年更早更直接地接触到新媒体环境。大众媒体为儿童青少年了解社会提供了多元丰富社会信息的同时，也将负面信息放大，侵犯未成年人权益、扭曲和歪曲事实真相、对被害人造成“二次伤害”等问题屡屡出现。因此媒体行业应加强行业自律，尊重保护儿童青少年群体并引导其树立正确的价值观。

1. 强化行业自律，承担社会责任　在采写儿童青少年群体的过程中，新闻媒体应秉持职业道德原则与规范，仔细斟酌、谨慎落笔，避免轻率写作的问题。网络媒体也应将社会效益摆在首位，努力为儿童青少年提供有益身心的网络信息，输送有价值、有意义的“精神食粮”，担负起自身对于儿童青少年安全、健康成长的社会责任。

2. 尊重儿童青少年隐私，保护合法权益　媒体在报道儿童青少年相关新闻事件时，应进行匿名化、模糊化处理，媒体关注的更应该是事件整体本身，而不是将舆论聚焦于事件的细枝末节上，以隐私和身心健康为噱头，对被害人造成“二次伤害”，让围观变成另一种暴力（图 10-2）。

3. 做好传播载体，传递正确价值规范　习近平总书记指出，要引导青少年扣好人生的第一粒扣子，而能否扣好这粒纽扣，大众媒介有着举足轻重的作用。媒体不仅是新闻事件的“扩音器”，更是教育大众、传递正确价值规范的重要平台。媒体应利用其强大的传播力量，把弘扬社会主义核心价值观作为基础性工作，为将广大儿童青少年培养为社会主义事业的合格建设者和可靠接班人营造良好的社会环境。

三、社区：搭建服务平台，构建社区儿童青少年服务网络

社区是居民的基本生活和社交场所，也是儿童青少年社会化过程中重要

图 10-2　保护儿童个人信息

的成长空间。然而目前社区的教育和保护功能未能得到重视和有效发挥，因此应从社区着手，为儿童青少年成长搭建服务平台，使社区在儿童保护体系中发挥出应有作用。

1. 开展丰富多彩的社区安全教育活动　利用社区内老干部、老教师、老党员、老工人、志愿者等群众资源，面向社区内儿童青少年开展普法教育、自救互救训练等安全知识课堂，增强其防护意识，同时建设社区宣传栏、儿童青少年活动中心等教育阵地，引导青少年远离不良嗜好，养成良好生活习惯。

2. 建立社区监测点，增强社区安保力量　充分发挥居委会作用，加强邻里守望、红袖标力量建设等，通过环境治理挤压违法犯罪空间，及时发现可疑人员，防范危及儿童青少年生命安全事件的发生。

3. 针对受害儿童青少年展开社区援助　社区通过撬动社会工作者和心理咨询师等优质资源，在社区中构建起反家暴社区援助站、社区支持网络联盟等，通过个案辅导、链接资源等方式，为受暴力伤害的儿童提供准确、及时的援助。社区也能够在个案后续服务过程中进行最直接的跟踪回访。从这个层面上看，社区保护对于儿童青少年生命保护至关重要。

四、社会组织：提高服务水平，满足多元化社会保护需求

党的十八届三中全会决定强调要“激发社会组织活力”“适合由社会组织

提供的公共服务和解决的事项,交由社会组织承担”,在儿童生命安全保护和救助方面,社会组织具有极强的专业优势,是对政府工作的有益补充。

社会组织类型多种多样,社会服务类、科技研究类、文化类、体育类、教育类、卫生类等应有尽有,不同类型的社会组织根据自身的服务特长,在整合国家及社会资源的基础上,能提供多方位儿童青少年社会保护服务。与此同时,社会组织的组织目标和服务对象十分明确,以此为标准招募专业人员,具有较强的专业性,使其在满足儿童青少年多样化需求方面具有优势,能够提供专业化的决策咨询和建议。在资金筹募方面,公益性社会组织有良好的社会基础,在动员社会资源方面更具号召力,广泛的社会募捐可以保证资金来源的稳定性和可持续性,形成良好的社会资本,减轻政府资金压力。

第四节 儿童青少年安全社会支持和健康管理

来自政府、媒体、社区和社会组织的社会支持是儿童青少年平安健康成长的“保护伞”,那么家长作为孩子的第一任老师,学校作为儿童青少年社会化的关键场所,社会作为儿童青少年成长成才的大环境,营造和谐的家庭环境、德育与安全教育并举的课程安排以及形成关爱儿童青少年的社会氛围,将极大地提升儿童青少年的身心健康水平,使其真正成为新时代国家建设者和社会主义事业的合格接班人。

一、家庭:营造和谐家庭环境,关注儿童青少年身心健康

蓬生麻中,不扶而直;白沙在涅,与之俱黑,家庭是儿童青少年成长的第一个课堂,家长是孩子的第一任老师。家庭环境与家庭教育潜移默化地影响着儿童青少年的行为意识,在过分溺爱的家庭环境中成长,孩子易形成自私骄横的性格,缺少关爱和有效沟通也易使其产生自卑情绪,而在家庭暴力中成长更容易造成孩子的心理创伤与人格缺陷,甚至染上恶习走上犯罪道路。可以说,儿童青少年的身心健康与原生家庭密不可分。

首先,注重家庭教育。在家庭教育中,风险教育和性别意识教育的严重缺位可能导致儿童青少年自我保护意识薄弱,给违法犯罪以可乘之机。在风险意识教育中,由于家长的过度保护,孩子的环境适应性和风险处理能力降低,对可能存在的风险缺少正确判断。因此家庭在提供安全保护的同时,应重视风险教育,让儿童青少年在防范陌生人的同时,注意提防身边熟人可能带来的危险,防患于未然。性别意识教育是对儿童青少年在性、医学等生活常识方面的教育,家庭应鼓励儿童青少年学习正确的性爱价值观、恋爱态度、关系界线

等，让其认识更多有关身体的构造、功能、特质、性的意义及后果，树立健康科学的性与性别意识。

其次，营造尊重、平等家庭环境（图 10-3）。和谐的家庭环境需要建立在尊重、平等、包容与信任的基础之上，家长应学会倾听孩子的想法，给予儿童青少年以自主权和探索空间。面对孩子成长中的学习问题、人际交往问题、性教育问题，以开放的态度与子女沟通交流，倾听孩子内心的想法，让孩子有信心向父母提问，并推动子女思考，这将极大促进孩子身心健康成长。

图 10-3　营造和谐家庭环境

第三，以身作则，做儿童青少年的榜样。原生家庭对一个人的影响是持续且深远的，家长应时刻注意自己的言行，通过言传身教，潜移默化地影响儿童青少年的思想和行为，让优秀品质在家庭中生根、在亲情中升华。

二、学校：德育安全教育并举，将自救自护纳入课程体系

学校是有计划、有组织、系统地对未成年人进行教育教学活动的重要场所，聚集儿童青少年数量最多、时间最长。安全教育与德育是学校教育的重要内容，也是学生知识体系中必不可少的组成部分（图 10-4）。学校应转变以往刚性管理的方式，采取灵活有效的教育方式，减少校内安全隐患，可以从以下四个方面着手：

图 10-4　学校安全教育

首先，要积极联合政府、社会机构开展相关方面的安全教育。学校应在校园内普及基本安全知识，提升学生安全意识。同时针对不同的安全问题分类开展安全教育，例如规避不法伤害的防范诈骗安全教育、珍爱生命的心理健康教育、防止家庭暴力的法律意识教育等，学校可以通过联合公安机关、公益组织等，通过开展法制讲座、播放教育片等方式，使儿童青少年分清是非，筑牢思想防线和法律防线。

其次，将自护自救纳入必修课程，建立以体育课程为依托的安全教育课程体系。中国中小学开展的生命安全教育课时数远远低于欧美国家，所以应该增加课时数以保证效果。将课时纳入中小学体育课程之中，成为体育课程的一个有机组成部分，其中每学期的安全教育课时中应保证 70% 左右的自护自救技能的传授。同时，根据地域特点和学生特点编写通俗易懂、易于实施的校本教材或宣传手册，满足不同类型学生的需要，保证课程教学时数。

第三，加强德育教育。“培养什么人，怎样培养人”是教育的根本问题。党的十九大报告再次强调“落实立德树人根本任务”，并把它提升到教育方针的高度，为中国的德育教育指明了方向。良好的品德是做人的基本要求，在儿童青少年时期进行品德教育和习惯培养，是素质教育的重要内容。目前，不少学生因家庭教育的偏颇和社会环境的影响，利己思想强烈，缺少集体意识和责任感，或是过度自卑、过分敏感。因此，在日常的学习生活中，要坚持德育为先。教师可以利用德育课程、主题班会和社会实践活动开展德育教育，提倡相互团结、互相帮助，不断传递正能量，防止小团体的出现和蔓延，同时培养学生的大我和小我意识，鼓励学生用合法、合规、合理的方式处理同学之间的矛盾，而不是以暴力方式去解决问题。

最后，关注受害学生的危机干预和心理辅导。教师既要掌握学生的"常态"，更要时刻关注学生的"异常"，针对部分心理有问题的学生及时进行疏导和教育。如果发现平时品学兼优、活泼开朗的学生变得情绪低落、精神萎靡不振，应考虑其是否遭受了校园暴力、家庭暴力等问题，一旦发现异常情况，应立即采取措施进行危机干预，避免出现严重后果。学校也应配置专业心理咨询师，定期开展心理咨询课，为学生提供疏导窗口，鼓励其表达内心想法，以稳定情绪、调整行为。在这一过程中，应切实保障学生隐私，避免出现心理老师成为告密者的情况，激起学生更深的逆反心理。

案例：青春期性教育与爱的驿站

张兰是陕西省城固县上元观镇上元观小学的一名乡村教师，所在的小学有 800 多名学生，其中 500 名是留守儿童。两年前，张兰有次给六年级上课的时候，一个男生不小心把红墨水洒在了裤子上，立刻引起了全班同学的哄堂大笑，对他的裤子指指点点。小学时期，女生大多会经历第一次初潮，男生也有了一些朦胧的认识，但大家没有相关的知识，很多时候大惊小怪。张兰在自己的办公区域开辟了一个小小的存储空间，取名为爱的驿站。学生来月经的时候，可以在"驿站"领取卫生用品。她还请来专业人士为学生开展性教育讲座，让学生上台去学习卫生巾怎么使用。然后小组一人发一个，自主去尝试、去粘贴。在张兰看来，这些知识教科书里没有，却是每个人成长过程中必须要了解的。"我小时候就有很多困惑得不到解答，然后就很好奇。我希望孩子们能够增进一些认识。"

后来，张兰获得了 2016 届"马云乡村教师奖"，她说自己变得更加勇敢了。"就像是打开了我的眼睛一样，让我看到了很多很多新鲜的东西。"她坚定了自己的信念，立志扎根于农村学校的教育教学中，继续做"反对欺凌"的各种宣传，给家长宣传积极教育理念，使乡村孩子能够在健康安全的氛围中长大。

三、社会：提升国民道德素质，形成关爱儿童青少年社会共识

社会要担负起儿童青少年成长成才的责任，但在国际国内形势深刻变化、我国经济社会深刻变革的大背景下，由于市场经济规则、政策法规、社会治理

还不够健全，受不良思想文化侵蚀和网络有害信息影响，道德领域依然存在不少问题。全国人民应以先进模范引领道德风尚，提升道德素质，树立鲜明时代价值取向，彰显社会道德高度，最大程度避免伤害儿童青少年身心、侵犯儿童权益的问题发生，为儿童青少年茁壮成长创造和谐社会环境。

面对血腥、暴力、色情内容充斥互联网的现实问题，全社会应主动净化网络空间，扫除淫秽色情文化垃圾，自觉弘扬主旋律，让科学理论、正确舆论、优秀文化充盈网络空间，还儿童青少年一个充满正能量的社会文化环境。

少年智则国智，少年富则国富，少年强则国强，只有全社会达成关心关爱下一代的社会共识，形成保护儿童青少年成长的强大合力，才能凝聚起共筑中国梦的磅礴力量。

（向德平　宋佳奇）

第十一章 儿童青少年免疫规划与健康管理

新中国成立以来,中国公共卫生事业特别是传染病防控取得了举世瞩目的成就,这与疫苗接种密不可分。通过免疫规划的不断实施,中国成功消灭了天花,实现了本土无脊髓灰质炎状态目标,儿童乙型肝炎表面抗原携带率大幅度下降,新生儿破伤风、白喉等得到有效控制。甲乙类法定报告传染病发病率从 1949 年的 20 000/10 万至 2018 年的 113.50/10 万。虽然免疫规划疫苗在婴幼儿中覆盖率较高,但青少年人群作为儿童到成年的重要过渡阶段,其健康水平不仅关系到个人的幸福生活,更关系到整个民族的未来发展,因此儿童青少年也应作为常规免疫的重要目标人群。随着中国社会经济水平的不断提高,在有效的健康教育和健康措施下,儿童青少年乃至整个国家的健康水平将得到稳步提升。

第一节 儿童青少年免疫规划意义和作用

一、儿童青少年免疫规划

免疫规划,指根据国家传染病防治规划,使用有效疫苗对易感人群进行预防接种所制定的规划、计划和策略,按照国家或者省、自治区、直辖市确定的疫苗品种、免疫程序或者接种方案在人群中有计划地进行预防接种,以预防和控制特定传染病的发生和流行。

世界卫生组织(WHO)早在第 31 届世界卫生大会上提出,要在 1990 年前对全球儿童提供有关疾病的免疫预防,儿童免疫接种率被视为 WHO 全球战略成功的标志之一。到 1981 年 10 月为止,全球已有 197 个国家开展了这方面的工作。1974 年 WHO 吸收了已在被消灭中的天花以及麻疹、脊髓灰质炎等预防与控制的经验,提出了扩大免疫计划(expanded program on immunization,EPI),以预防和控制天花、白喉、百日咳、破伤风、麻疹、脊髓灰质炎、结核病等,并要求各成员国坚持该计划。1988 年联合国儿童基金会(UNICEF)用普及儿童免疫(universal child immunization,UVI)来表示 EPI 的目的。

中国卫生防疫体系的建立可追溯至20世纪40年代末，主要大力开展黑热病、血吸虫病、疟疾、丝虫病、性病等传染病和寄生虫病的防治工作。1950年，原卫生部公布种痘办法，开展全国普种牛痘。1953年全国建立卫生防疫站，明确规定卫生防疫站的任务是预防性、经常性卫生监督和传染病管理。1955年6月1日，第一个卫生防疫法规《传染病管理办法》颁布。1961年中国成功消灭天花，随后积极推行卡介苗、麻疹、乙脑、百日咳等疫苗接种工作，重点地区还开展了霍乱、鼠疫、斑疹伤寒、伤寒疫苗的接种。1978年原卫生部下发《关于加强计划免疫的通知》，标志着中国正式进入计划免疫时代。中国最初实施的计划免疫4种疫苗包括卡介苗、百白破疫苗、脊髓灰质炎疫苗、麻疹疫苗，预防结核病、百日咳、白喉、破伤风、脊髓灰质炎、麻疹6种传染病。2002年起实施免疫规划的疫苗增加为5种，包括乙肝疫苗、卡介苗、百白破疫苗、脊髓灰质炎疫苗、麻疹疫苗，可预防乙型肝炎、结核病、百日咳、白喉、破伤风、脊髓灰质炎、麻疹7种传染病。2007年提出把预防15种传染病的疫苗纳入国家免疫计划，扩大了免疫规划。这些疫苗包括乙肝疫苗、卡介苗、无细胞百白破疫苗、脊髓灰质炎疫苗、麻疹疫苗、白破疫苗、麻风腮疫苗、流脑A群疫苗、流脑A+C群疫苗、乙脑减毒活疫苗、甲肝减毒活疫苗、钩端螺旋体疫苗、流行性出血热疫苗、炭疽疫苗，可用于预防乙型肝炎、结核病、百日咳、白喉、破伤风、脊髓灰质炎、麻疹、风疹、腮腺炎、流行性脑脊髓膜炎、流行性乙型脑炎、甲型肝炎、钩端螺旋体病、流行性出血热、炭疽等15种传染病，其中，部分疫苗的接种地区是局部的，在流行区才接种，或者紧急备用，例如：钩端螺旋体疫苗、流行性出血热疫苗、炭疽疫苗等，其他疫苗在全国范围适龄人群都接种。

2019年，国家卫生健康委及相关部委印发了《关于国家免疫规划脊髓灰质炎疫苗和含麻疹成分疫苗免疫程序调整相关工作的通知》，将中国儿童脊髓灰质炎疫苗常规免疫程序调整为2剂脊灰灭活疫苗加2剂两价口服脊灰减毒活疫苗的免疫程序，将8月龄儿童的麻疹风疹减毒活疫苗调整为麻疹风疹腮腺炎减毒活疫苗。国家也正在考虑将免疫规划规定剂次接种需要补种的年龄从14周岁扩大到18周岁以内，这将使得中国免疫规划工作得到进一步发展。中国免疫规划将会依据感染性疾病的流行病学特征和疾病负担，纳入更多品类疫苗，更好地预防和控制特定传染病的发生和流行。

二、意义与成就

在实施免疫规划之前，推测全球不足5%的婴儿被适当免疫，致使每年死于麻疹、脊髓灰质炎、肺结核、百日咳、白喉和破伤风等疾病的儿童高达500万，且另有500万人留有后遗症。EPI实施之后，1991年10月，WHO和UNICEF在纽约举行的庆祝大会上宣布：1990—2000年全球将消灭脊髓灰质炎，至1995

年，麻疹病死率下降95%，并消灭新生儿破伤风。

在中国，免疫规划工作在卫生健康事业中成效显著，免疫规划工作机制不断创新，相关法律法规逐步落实，预防接种服务和管理水平稳步提高。免疫规划实施后，通过长期不懈努力，1988年、1990年、1996年国家免疫规划疫苗接种率分别以省、县、乡为单位达到85%的目标。2013年以来，国家免疫规划疫苗接种率以乡为单位实现了90%的目标，成功实现了普及儿童免疫的目标。1961年成功地消灭了天花，2000年实现无脊灰目标。通过接种乙型肝炎疫苗，5岁以下儿童乙肝病毒携带率已从1992年的9.7%降至2014年的0.3%。由于接种百白破三联疫苗，自2006年后连续13年无白喉病例报告，百日咳、破伤风发病大幅减少；麻疹、流脑等许多免疫规划疫苗接种后，传染病发病与死亡降至历史最低水平。中国免疫规划实施，显著降低了疫苗可预防的传染病的发病、降低了残疾及婴儿和5岁以下儿童死亡率，有效保护了儿童的健康和生命；节约了大量医疗成本，减少了家庭和社会负担，促进了家庭的幸福和社会和谐稳定，对国人人均期望寿命逐年提升作出了重要贡献。中国免疫规划成就得到国际社会的高度评价，1991年UNICEF给中国颁发儿童生存银质奖章，表彰免疫规划疫苗接种率以县为单位达到85%。2014年，WHO表彰中国乙肝防控工作为21世纪公共卫生领域的伟大成就，是其他发展中国家的典范。

三、儿童青少年的特殊性及实施免疫规划的必要性

中国免疫规划大部分疫苗集中于儿童（0~6岁）阶段，很好地保护了儿童的生命和健康。但是，青少年时期的免疫接种同等重要。青少年时期是儿童过渡到成年期的重要阶段，是一个动态发展的时期，有效的健康教育和健康措施可以促进儿童青少年健康成长，获得终身健康。WHO定义的青少年年龄范围为10~19岁，2017年美国儿科协会最新推荐婴幼儿及青少年疫苗接种指南分为0~6岁和7~18岁两个阶段。中国所指青少年更倾向于7~18岁人群，包括7~12岁（少年，主要是小学生）及13~18岁（青春期，主要是中学生）。

青少年虽然较儿童抵抗疾病的能力略有增强，但在某些情况下依然无法抵御病原体的侵袭，因此WHO推荐的免疫程序中多种疫苗涉及青少年接种。例如成人百白破（DTap）疫苗、人乳头瘤（HPV）疫苗、脑膜炎球菌ACWY（MenACWY）疫苗、灭活流感（IIV）疫苗、甲型肝炎（HepA）疫苗、乙型肝炎（HepB）疫苗、麻疹-腮腺炎-风疹（MMR）疫苗等。中国实施免疫规划的儿童适龄为0~6周岁，实施规定剂次免疫规划疫苗的补种年龄为14周岁，并计划扩大到18周岁以内，这些都体现了对儿童青少年实施免疫规划的重视。

处于生长期的儿童青少年对传染病的抵抗力较弱，因此许多传染病严重

威胁着儿童青少年的生命安全和健康。儿童青少年还处于身心发育的重要时期，如果罹患传染病，不仅有生命威胁，还会造成营养缺失、神经系统发育迟缓甚至智力低下，以及其他影响终身的后遗症。据 WHO 统计，如果不进行预防接种，平均每 100 名儿童中将会有 3 人死于麻疹、2 人死于百日咳、1 人死于破伤风，每 100 名儿童将有 1 人由于脊髓灰质炎而终身跛行。儿童青少年实施免疫规划不仅能够有效地防止相应传染病的发生和流行，降低疾病产生的经济负担和身心痛苦，同时还可以形成有效免疫屏障，达到最终消灭疾病的目的。

第二节　儿童青少年计划免疫的内容和原则

一、内容

中国免疫规划疫苗包括儿童常规接种疫苗和重点人群接种疫苗。儿童免疫规划所包含的疫苗品种及免疫程序以国家卫生健康委公布的《国家免疫规划疫苗儿童免疫程序及说明（2020 版）》为指导。

中国免疫规划按接种程序又分为基础免疫和加强免疫两个部分（表 11-1），基础免疫指在一周岁内必须完成的初次接种（除甲肝疫苗外，甲肝疫苗基础免疫在 18 月龄），包括卡介苗、乙肝、脊灰、百白破、麻疹等；加强免疫指根据免疫持久性和流行病学研究需重复进行免疫的疫苗接种，包括乙脑、麻腮风、流脑、白破等。通过基础免疫和加强免疫的联合有效地保证了免疫接种后的有效性和持久性。

依据 2019 版《疫苗管理法》，省级人民政府在执行国家免疫规划时，可根据辖区的传染病流行情况、人群免疫状况等因素，增加免费向公民提供接种的疫苗种类或剂次，疫苗的使用原则依照有关部门制定的方案执行，并报国务院卫生计生主管部门备案。例如中国部分地区开展的流感疫苗、水痘疫苗接种和 4~6 岁麻腮风疫苗的加强接种，都属于地方性免疫规划范畴，部分地区实施后也产生了较好的社会经济效益。

二、计划免疫相关原则

1. 相关机构责任　免疫规划是一项国家大计，涉及中国上亿的儿童，免疫规划的实施需要全国多个部门和机构的合作，表 11-2 列举了计划免疫中涉及的主要机构的主要责任。

表 11-1 国家免疫规划疫苗儿童免疫程序表

疾病	疫苗	英文缩写	接种起始年龄														
			出生时	1月	2月	3月	4月	5月	6月	8月	9月	18月	2岁	3岁	4岁	5岁	6岁
乙型病毒性肝炎	乙肝疫苗	HepB	1	2					3								
结核病[1]	卡介苗	BCG	1														
脊髓灰质炎	脊灰灭活疫苗	IPV			1	2											
	脊灰减毒活疫苗	bOPV					3								4		
百日咳、白喉、破伤风	百白破疫苗	DTaP				1	2	3				4					
	白破疫苗	DT															5
麻疹、风疹、流行性腮腺炎[2]	麻腮风疫苗	MMR								1		2					
流行性乙型脑炎[3]	乙脑减毒活疫苗	JE-L								1			2				
	乙脑灭活疫苗	JE-I								1、2			3				4
流行性脑脊髓膜炎	A 群流脑多糖疫苗	MPSV-A							1		2						
	A 群 C 群流脑多糖疫苗	MPSV-AC												3			4
甲型病毒性肝炎[4]	甲肝减毒活疫苗	HepA-L										1					
	甲肝灭活疫苗	HepA-I										1	2				

注：1. 主要指结核性脑膜炎、粟粒性肺结核等。

2. 两剂次麻腮风疫苗免疫程序从 2020 年 6 月开始在全国范围实施。

3. 选择乙脑减毒活疫苗接种时，采用两剂次接种程序。选择乙脑灭活疫苗接种时，采用四剂次接种程序；乙脑灭活疫苗第 1、2 剂间隔 7~10 天。

4. 选择甲肝减毒活疫苗接种时，采用一剂次接种程序。选择甲肝灭活疫苗接种时，采用两剂次接种程序。

表 11-2 计划免疫涉及的主要机构和主要责任

机构	主要责任
国家卫生行政部门	负责免疫规划程序的制定与修订，地方卫生管理部门有权根据辖区的传染病流行情况、人群免疫状况等因素，增加免疫规划疫苗品种或剂次
国家疾控中心	协助国家卫生健康委制定预防接种工作规范、国家免疫规划疫苗免疫程序和其他疫苗的使用指导原则；制定国家免疫规划相关的方案、指南等技术文件，并开展预防接种相关的宣传及督导工作
省（自治区、直辖市）级疾控机构	协助省级卫生行政部门制定本辖区国家免疫规划的实施方案、预防接种方案和相关经费预算。制定免疫规划和预防接种相关技术方案，开展免疫规划实施和预防接种服务的督导、考核和评价工作
区、县级疾控机构	协助区、县级卫生计生行政部门制定辖区免疫规划工作计划和实施方案，开展接种单位和接种人员的资质管理，对辖区预防接种服务进行技术指导。负责辖区免疫规划疫苗的接收、分发和使用管理
接种单位（门诊）	收集辖区内适龄儿童信息，为适龄儿童建立预防接种证、卡（簿或电子档案）。按照预防接种工作规范、免疫程序、疫苗使用指导原则和接种方案，提供预防接种服务，记录和保存接种信息。协助托幼机构、学校做好入托、入学儿童预防接种证查验工作

2. 免疫规划开展形式　为保障接种门诊对辖区的有效覆盖和管理，在接种门诊的设置上，《预防接种工作规范》要求：城镇地区原则上每个社区卫生服务中心至少设立一个预防接种门诊，服务半径不超过 5 公里；农村地区原则上每个乡（镇）卫生院至少设置 1 个预防接种门诊，服务半径不超过 10 公里。

中国对儿童实行预防接种证（卡）制度。在儿童出生后 1 个月内，其监护人应当到儿童居住地承担预防接种工作的指定单位或者出生医院办理预防接种证（卡）。接种单位或者出生医院不得拒绝办理。监护人应当妥善保管预防接种证（卡）。接种单位有义务维护本辖区内适龄儿童的接种活动，保障辖区内的建卡率、免疫规划疫苗的接种率。

儿童预防接种应按免疫程序按时进行，对所有疫苗开展（包括流行季节和非流行季节）常规接种，也可根据需要开展补充免疫和应急接种。县级以上地方人民政府卫生健康主管部门根据传染病监测和预警信息，为预防、控制传染病暴发、流行，报经本级人民政府决定，并报省级以上人民政府卫生健康主管部门备案，可以在本行政区域进行群体性预防接种。

3. 验证机制　为保障学校、幼儿园聚集性场所的传染病防控要求，保障免疫规划的接种率，中国实行入托、入学查验机制。儿童入托、入学时，托幼机构、学校应当查验预防接种证（卡），发现未按照规定接种免疫规划疫苗的，应当向儿童居住地或者托幼机构、学校所在地承担预防接种工作的接种单位报告，并配合接种单位督促其监护人按照规定带儿童补种。

三、免疫规划更系统全面

1. 品种更完善　虽然中国免疫规划疫苗针对传染病防控取得了很大成绩，但儿童青少年疫苗接种工作并未得到良好普及。因此，为了儿童青少年的身体健康，国家将会提供更多更完善的疫苗品种。随着中国免疫规划的发展，可防控的疾病已完善到现在的 15 种传染病，但与发达国家还存在一定的差距，也有越来越多的流行病学研究支持更多的疫苗品种有待加入国家免疫规划，未来中国的免疫规划会得到进一步的扩充，更好地保障儿童青少年的健康成长。

2. 品质更优良　为使免疫策略制定或调整具有更为充分的证据支持，决策部门运用循证疫苗免疫策略的科学方法和路径，多方面证据、充分评估证据的重要性与质量、结合价值观等因素形成最终结论，使预防接种过程中的安全性和有效性得到进一步提高。例如充分评估脊髓灰质炎野病毒病例和减毒活疫苗不良反应所致的疾病负担，以及疫苗的安全性、免疫原性和保护效力并结合卫生经济学评价后，中国于 2016 年 5 月 1 日停用三价脊灰减毒活疫苗（tOPV），用二价脊灰减毒活疫苗（bOPV）替代，并将脊灰灭活疫苗（IPV）纳入国家免疫规划，实施新的脊髓灰质炎疫苗免疫策略，即“1+3”免疫策略。与此同时，该免疫策略在全球155个国家同步实施。随着中国IPV产能的不断提高，脊灰免疫策略进一步调整，于 2019 年 12 月起，用 IPV 替代第二剂次 bOPV，实现“2+2”免疫策略。此外，为使适龄儿童得到更为全面的保护，2020 年 6 月以后将全面使用麻风腮疫苗（MMR）替代麻风疫苗，明确建议 8 月龄、18 月龄尽早接种 MMR 疫苗。

回顾中国免疫规划历史，疫苗品种也是处于不断更新换代的过程。例如近几年灭活脊灰疫苗逐步替代减毒脊灰疫苗；用纯度更高疫苗代替低纯度疫苗，用无细胞百白破替代全细胞百白破。随着近几年国产疫苗研发实力的提升，未来将会有更多质量更好、工艺更先进的疫苗替代现有的免疫规划疫苗，将更多品质优良的疫苗逐步引入国家免疫规划之中。

3. 覆盖人群更广　WHO 在《关于免疫的 10 个事实》中曾经提到“免疫接种的效益”越来越延伸到整个生命过程。中国当前实施的免疫规划程序虽未将青少年列入免疫规划程序内，但是为了降低传染病的流行风险，一些地区已经通过财政补贴实现了部分非免疫规划疫苗的免费接种。2007 年起，北京市免费为儿童青少年接种流感疫苗，2008 年起，新疆维吾尔自治区克拉玛依市免费为 3~7 岁儿童接种流感疫苗；2019 年起，深圳市免费为儿童青少年接种流感疫苗。近年来，水痘疫苗也在多地被纳入免疫规划，包括上海、北京、苏州、南京、青岛、深圳等地。此外，为了使免疫规划疫苗政策得到更好落实，进一步缩小未成年人的漏种范围，国家免疫规划疫苗接种程序将未按照推荐年龄完成国家免疫规划规定剂次接种而需要进行补种的人群年龄范围制定为“14 岁以下儿童”，并正在商讨扩大为“<18 周岁人群”。而且，新增了包括早产儿、低出生体重儿、过敏、免疫功能异常儿童，以及黄疸、惊厥、癫痫、先天性遗传代谢性疾病、脑病、先天性心脏病、先天性感染儿童接种的指导原则，赋予更多特殊健康儿童预防接种的权利。目前中国也有部分地区将流感、肺炎纳入成年人的免疫规划，这具有非凡的意义。随着越来越多的流行病和经济学的研究，健康管理部门也将会考虑将更多的疫苗纳入不同人群的免疫规划中。

第三节　儿童青少年计划免疫的接种反应和应急处理

一、免疫接种反应的定义及分类

疫苗产品主要由活性生物大分子（病毒颗粒、基因工程表达的蛋白、类毒素等）、保护剂、佐剂等成分组成，这些物质对于人体免疫系统而言均为外源性异物，接种后会引起人体一系列的免疫及生理反应，在这些反应过程中所表现出来的临床症状，称为预防接种反应。

常见的预防接种反应分为两类：第一类是一般反应和加重反应，是由于受种者在接种后产生免疫反应的过程中所表现出的正常生理现象。包括常见的发热反应、局部红肿等，加重反应会比一般反应症状更重，但两者均属于正常反应，为机体产生免疫反应的一般过程。第二类是异常反应，指合格的疫苗在实施规范接种过程中或者实施规范接种后造成受种者机体组织器官、功能损害，相关各方均无过错的药品不良反应。异常反应的发生率是疫苗安全性的重要指标（图 10-4）。

在接种工作的实际中又因偶合症及心因性反应的存在，于是有了疑似预防接种异常反应（AEFI）的概念，它涵盖了预防接种过程中的所有异常现象。具备以下各项因素可列入 AEFI：①病例的发生与预防接种存在合理的时间关联性，即必须是在预防接种过程中或接种后一定的时间内发生；②受种者机体发生一定的组织器官或功能方面的损害；③在就诊时怀疑病例的发生与预防接种有关。AEFI 按发生原因分为不良反应(包括一般反应和异常反应)、疫苗质量事故、接种事故、偶合症和心因性反应。严重 AEFI 经调查诊断或鉴定分类为异常反应的,即为严重异常反应。疑似预防接种异常反应指在预防接种过程中或接种后发生的可能造成受种者机体组织器官、功能损害,且怀疑与预防接种有关的反应。

中国已建立了 AEFI 监测体系,进行属地化管理,责任报告单位和报告人发现属于报告范围的 AEFI 事件后,应及时向当地卫生管理部门上报,对于严重异常反应应于 2 小时内上报。根据中国免疫规划信息管理系统收集的信息显示,2016 年,全国共报告 185 583 例 AEFI,一般反应占 92.45%、异常反应占 6.18%。68.51% 发生于接种后的当天。AEFI 总报告发生率为 39.01/10 万剂;一般反应、异常反应、严重异常反应报告发生率分别为 36.06/10 万剂、2.41/10 万剂、0.16/10 万剂。这些数据显示中国 AEFI 以一般反应为主,严重异常反应的报告发生率极低,中国免疫规划疫苗的接种安全性高。

二、儿童青少年的特殊性

预防接种反应伴随人体免疫反应而产生,无法将其根除,而儿童青少年体质更为敏感。因此,对疫苗接种的安全性要求更高。在疫苗临床研究中,也是遵循先成人后儿童的研究原则,对完成临床研究后的疫苗产品的适用年龄也有严格的要求。为提高免疫规划疫苗的安全性,中国一直致力于提升免疫规划疫苗的质量,包括逐步用灭活疫苗代替减毒活疫苗,用纯度更高的无细胞或者裂解疫苗代替全细胞或者全病毒疫苗等,有效地降低了接种产生的异常反应。

三、预防接种反应的处理

1. 现场处置　参照《预防接种规范》的相关规定,接种前工作人员应进行“三查七对一验证”保障接种全程无过错,同时接种完成后应对受种者做好 30 分钟的观察,由一名接种医生或护士现场管理,确认受种者无异常方可允许其离开。同时接种门诊应具备必要的抢救设施、器械,配备 1∶1 000 肾上腺素,以防过敏性反应。接种工作人员对较为轻微的全身性一般反应和接种部位局部的一般反应,可给予简单的处理指导;对接种后现场留观期间出现的急性严重过敏反应等,应立即组织紧急抢救。对于其他较为严重的异常反应,应建议及时到规范的医疗机构就诊,同时做好后续跟踪调查的工作。

2. 一般反应的处理　常见的一般反应主要为发热及接种部位红肿硬结,表 11-3 针对不同的一般反应列举了相应的处理原则。

表 11-3　不同一般反应的相应处理原则

一般反应	症状	处理原则
发热处理	体温≤37.5℃	加强观察，适当休息，多饮水，防止继发其他疾病
	体温 >37.5℃或≤37.5℃并伴有其他全身症状、异常哭闹等情况	及时到医院诊治，采用对症治疗的措施处理
红肿和硬结	<15mm	无需处理
	15~30mm	先用干净的毛巾冷敷，出现硬结者可热敷，每日数次，每次 10~15 分钟。（接种卡介苗出现的局部红肿，不能热敷。）
	≥30mm	及时到医院就诊

3. 异常反应的处理　根据中国免疫规划信息管理系统的统计显示，报告例数较多的异常反应有过敏性皮疹、血管性水肿、热性惊厥和卡介苗局部脓肿等。表 11-4 对较常见的几类异常反应的处理原则进行了简要介绍。接种门诊并不必具备充分的医疗条件，在紧急处理后应将受种者尽快送往专业的医疗机构救治。

表 11-4　几种异常反应的处理原则

异常反应	处理原则
过敏反应	①支持疗法，如卧床休息、饮食富于营养，保持适宜冷暖环境；②给予肾上腺素治疗；③抗过敏治疗；④其他对症治疗
无菌性脓肿	①用热毛巾热敷，促进吸收；②未破溃前切忌切开排脓，可用消毒注射器抽取脓液；③已破溃者需切开排脓，必要时进行扩创，清除坏死组织并进行外科处理；④继发感染加用抗生素等药物治疗
热性惊厥	①静卧于软床之上，防咬伤舌头，保持呼吸道通畅，必要时给氧；②止痉，紧急情况下也可针刺人中；③可用物理降温和药物治疗退热
多发性神经炎	①支持疗法，应用葡萄糖、维生素 C 等静脉注射；②应用激素治疗；③如有呼吸困难，使用人工呼吸机、气管插管，保持呼吸道通畅；④其他对症治疗
脑炎和脑膜炎	①抗病毒治疗；②控制高热与惊厥；③维持体液与电解质平衡；④积极控制脑水肿

四、异常反应补偿机制与流程

疫苗异常反应大多数是无过错导致，患者很难通过正常的诉讼途径得到应有的补偿，因此建立和完善异常反应补偿机制，对推动预防免疫事业的发展具有重要意义。由于补偿资金来源在很大程度上决定了相应补偿机制的管理体系和补偿范围。因此，根据补偿资金来源，国际上可将疫苗异常反应补偿机制分为 4 种模式，分别是基于财政、基于基金、基于保险以及基于 3 种模式的混合模式。中国目前疫苗接种异常反应的补偿机制可归为混合补偿模式。

早在 1980 年 1 月 22 日计划免疫实施的早期，原中国卫生部就颁布了《预防接种后异常反应和事故的处理试行办法》用于处理预防接种后产生的异常反应；2008 年 12 月 1 日施行《预防接种异常反应鉴定办法》予以替代，对预防接种过程中异常反应补偿的申请、鉴定、处理都进行了明确的规定。2014 年 4 月 4 日，原国家卫生计生委、教育部、民政部、财政部、人力资源社会保障部、食品药品监管总局、中国残联、中国红十字会总会八个部门联合印发《关于进一步做好预防接种异常反应处置工作的指导意见》，明确各有关部门的任务分工，要求各地加强预防接种异常反应处置工作的组织领导，进一步加强疑似预防接种异常反应监测和应急处置，切实做好病例救治和康复工作，规范完善预防接种异常反应调查诊断和鉴定，依法落实补偿政策，做好病例后续关怀救助。2019 年 12 月 1 日实施的《疫苗管理法》再度明确了中国实行预防接种异常反应补偿制度，明确对于接种无法排除与接种相关的异常反应，也应给予补偿。对于补偿标准，各省（直辖市、自治区）政府依据自身情况制定异常反应补偿办法。

补偿流程上，中国主要依赖接种门诊、疾控机构和卫生管理部门的共同协作完成。接种免疫规划疫苗发生疑似接种异常反应，疾病预防控制机构应按照规定及时报告，组织调查、诊断，并将调查、诊断结论告知受种者或者其监护人，通过当地卫生部门核准后报送政府财政部门处理，接种门诊应与疾控机构共同协助受试者完成补偿的申请。而对调查、诊断结论有争议的，可以根据国务院卫生健康主管部门制定的鉴定办法申请鉴定。因预防接种导致受种者死亡、严重残疾，或者群体性疑似预防接种异常反应等对社会有重大影响的疑似预防接种异常反应，由该区的市级以上人民政府卫生健康主管部门、药品监督管理部门按照各自职责组织调查、处理。

第四节　儿童青少年免疫规划与健康管理

一、免疫规划与健康管理意义

免疫规划与健康管理的目的是预防和控制疾病发生与发展，降低医疗费用，提高生命质量。针对儿童青少年进行健康教育，提高儿童青少年对免疫规划及预防接种的意识和认知能力，并对其实施免疫规划，通过信息采集、追踪随访、抽样评估、免疫规划健康建档、接种督导等手段促进免疫规划实施，能有效提高儿童青少年免疫接种率，维护儿童青少年健康成长（图 10-5）。中共中央国务院于 2016 年 10 月 25 日发布《“健康中国 2030”规划纲要》，把健康中国提升为国家发展战略，将“实施健康中国战略”作为国家发展基本方略；于 2019 年 6 月 24 日颁布的《国务院关于实施健康中国行动意见》中提出，要充分认识疫苗对预防疾病的重要作用，倡导高危人群在流感流行季节前接种流感疫苗。提出到 2022 年和 2030 年，以乡（镇、街道）为单位，适龄儿童免疫规划疫苗接种率应保持在 90% 以上的具体目标。因此，在系统全面推行免疫规划中，开展儿童青少年健康管理对有效实施免疫规划，不断提高儿童青少年自主自律按时接受接种率，实现健康中国行动意见中提出的具体目标起到十分重要的保障作用。

二、免疫规划与儿童健康管理

《“健康中国 2030”规划纲要》明确了中国对于儿童健康的重点建设目标，生命早期的健康管理和生长发育状况，对成年期的健康有着非常重要的影响，因此儿童健康管理正在逐渐成为国家卫生工作的关注重点。“实施健康儿童计划，加强儿童早期发展，加强儿科建设，加大儿童重点疾病防治力度，扩大新生儿疾病筛查，继续开展重点地区儿童营养改善等项目。”都为加强重点人群健康服务的主要措施，针对儿童青少年，目前通过三方面实施儿童健康计划：①通过儿童青少年的常规体检保障其正常的生长发育；②通过免疫规划及特定的传染病防控（如结核）行动降低儿童青少年各项疾病的发病率；③提高医疗保健水平，提高儿童患病的治愈率。

在加强儿童重点疾病的防治中，免疫规划与健康管理是重要的保障策略和措施。通过几次免疫规划内容的调整和扩充，中国免疫规划可防治疾病的覆盖率已经接近发达国家水平，部分经济发达地区可根据本地的流行病趋势引入适当的免疫规划项目，在有效遏制传染病传染的同时，大大地降低了儿童感染重点传染病的概率。根据国家卫生健康委公布的《中国妇幼健康事业发展报告(2019)》,近年来新生儿死亡率、婴儿死亡率和5岁以下儿童死亡率分别从1991年的33.1‰、50.2‰和61.0‰,下降至2018年的3.9‰、6.1‰和8.4‰,分别下降了88.2%、87.8%和86.2%。另据测算,2000—2015年间,中国人均预期寿命提高的4.9岁中,有23.5%归因于5岁以下儿童死亡率的下降。这不仅与医疗卫生体系的逐步发展完善、儿童青少年健康管理措施加强相关,也与针对传染病的免疫规划工作密不可分。

三、免疫规划与社区儿童健康管理模式

社区儿童健康管理是以社区为基础,定点专人服务辖区内的儿童生命安全和健康问题。目前基层医疗机构(社区卫生服务中心或乡镇卫生院)正在逐步发展和完善,包括儿童保健科室,主要承担着儿童保健服务和管理,主要任务是对辖区内居住的学龄前各年龄段的儿童进行生长发育监测、喂养指导、免疫规划、健康教育、伤害预防等,对体弱儿、病重儿也进行专案管理。儿童保健服务以健康儿童为重点,进行儿童群体的健康管理工作,通过免疫规划、防治结合的方式有效地开展工作。

基层医疗机构开展免疫规划与健康管理典型的模式是:儿童按规定的接种时间到医疗机构,免疫接种医师在计划免疫登记处首先观察评估儿童的健康状况,开具免疫规划、儿童体检等处方,并预约下次疫苗接种及健康体检时间。接着由体检医师对儿童进行全面体格检查,评估生长发育状况,对家长进行喂养和健康指导。体检如无疫苗接种禁忌证,家长带儿童到预防接种室接种疫苗,留观30分钟,无异常反应方可离开,并填写疫苗接种证(卡)和健康管理记录。健康体检中有异常的儿童,医师给予针对性的干预措施,体弱儿建立专案,危重儿童转诊上级医院。在儿童健康管理模式中,以免疫规划为运转的中心,有效地调动了监护人对于儿童健康的认识;同时又以免疫规划为基础,保障家长的不间断的访问,有效地开展健康教育、发育监测等工作,形成监护人与基层医疗机构的良性互动。

四、免疫规划与青少年健康管理

新中国成立以来,儿童青少年健康管理体系日益成熟,体质健康分析与评估不断完善。《"健康中国2030"规划纲要》提出"把健康融入所有政策,全方位、全周期保障人民健康"。儿童青少年是生长发育的关键时期,其健康水平不仅关系到个人的幸福生活,更关系到整个民族的未来发展。在全面推进健康中国建设的进程中,儿童青少年健康管理一直是学校卫生工作的基本内容,其工作过程是以预防医学的理论为指导,并结合儿童青少年的健康特点,对常

见疾病或不健康的生活方式制定预防和矫治工作计划。儿童青少年健康管理涵盖多方面评价指标,其中也包括传染病的预防。

儿童青少年的传染病预防是健康管理的重要组成部分,接种疫苗是保护人群避免感染疾病最经济、最有效的措施。在欧美等发达国家,不仅是婴幼儿,包括儿童青少年在内的每个年龄段均有推荐的疫苗接种建议。例如美国针对 7~18 岁青少年的免疫接种包括甲肝疫苗、乙肝疫苗、成人百白破疫苗、HPV 疫苗、流感疫苗、麻腮风疫苗、MenACWY、肺炎球菌多糖疫苗、IPV 疫苗和水痘疫苗;英国青少年接种程序中主要是成人百白破疫苗 -IPV 联合疫苗、MenACWY、MMR、HPV 疫苗和流感疫苗;中国将免疫规划补种年龄确定为 14 岁以下,并进一步计划扩大到 18 岁以下,部分地区将重点疫苗可预防疾病纳入青少年免疫规划。

免疫规划的实施,不仅使多种危害婴幼儿健康的传染病得到有效控制,青少年的健康也得到明显改善。例如,中国 5~14 岁人群乙肝表面抗原(HBsAg)阳性率从 1992 年的 10.74% 下降至 2014 年的 0.94%,下降幅度超过 90%。在 6~22 岁人群中,风疹的发病率从 2008 年的 34.7/10 万下降至 2017 年的 0.31/10 万,麻疹的发病率从 2008 年的 7.95/10 万下降至 2017 年的 0.22/10 万,甲肝的发病率从 2008 年的 6.08/10 万下降至 2017 年的 0.41/10 万。此外,部分地区针对青少年开展的地方性免疫规划疫苗接种,例如流感疫苗、水痘疫苗等,明显降低了当地聚集性疫情的发生率。例如北京市针对中小学生实行流感疫苗的免疫规划后,其接种率与之前相比提升 48%,水痘两针法的实施,明显提升了大年龄组人群水痘疫苗的接种率,进一步降低了青少年水痘的发病率。

青少年的健康水平不仅关系到个人的幸福生活,更关系到整个民族的未来发展。2020 年,全国政协委员建议将流感、HPV 等疫苗纳入国家免疫规划,对相应青少年年龄组实行免费接种。随着中国社会经济水平的不断提高,在地方性青少年免疫规划的经验积累和数据支持下,未来将会有更多疫苗纳入青少年人群的免疫规划管理范畴,通过有效干预,进一步提升青少年,乃至整个国家的健康水平。

青少年健康管理并非“一朝一夕”,而是贯穿生命的全程。诚然,中国目前的免疫规划工作主要倾向于儿童的健康管理。基于国情因素,目前的青少年的传染病控制工作主要是通过非免疫规划疫苗的实施进行。非免疫规划疫苗作为免疫规划疫苗的有益补充,极大程度上缓解了国家财政的压力,也将对免疫规划的扩大、调整和实施起到一定的积极影响。随着中国社会经济水平的不断提高,针对青少年免疫规划工作开展所必需的机制体制探索的进一步深化,受种者的接种意识提高,疫苗生产企业能推出更多更好的面向青少年的免疫规划产品，在地方性青少年免疫规划疫苗的经验积累和数据支持下，未来针对青少年人群的免疫规划工作将有极大可能进一步推进。

（舒　祥）

参考文献

[1] World Health Organization. Coronavirus disease (COVID-2019) situation reports[R]. Geneva: WHO, 2020.

[2] 莫大明,闫军伟,李欣,等.新冠肺炎疫情下儿童青少年焦虑症状检出率及影响因素[J].四川精神卫生,2020(3):202-206.

[3] 李少闻,王悦,杨媛媛,等.新型冠状病毒肺炎流行居家隔离期间儿童青少年焦虑性情绪障碍的影响因素分析[J].中国儿童保健杂志,2020,28(4):407-410.

[4] 王广海,张云婷,赵瑾,等.降低疫情期间居家限制对儿童健康的影响[J].上海交通大学学报(医学版),2020,40(3):279-281.

[5] 王慧,李雪,敦玥,等.新冠肺炎流行期青少年的心理呵护[J].中国心理卫生杂志,2020(3):269-270.

[6] 宁科,王庭照,史兵,等.抗击疫情特殊时期居家幼儿运动指南[J].青少年体育,2020(1):136-138.

[7] 赵曼.小学生良好行为习惯养成教育的研究[D].天津:天津师范大学,2013.

[8] 冯宝梅.幼儿生活习惯养成问题、成因及家庭教育策略研究[D].福州:福建师范大学,2015.

[9] 沈建萍.小学生不良行为习惯的现状分析及转化策略[D].上海:上海师范大学,2010.

[10] 杨玉凤.儿童发育行为心理评定量表[M].北京:人民卫生出版社,2016.

[11] LEBOURGEOIS M K, GIANNOTTI F, CORTESI F, et al. The relationship between reported sleep quality and sleep hygiene in Italian and American adolescents[J]. Pediatrics, 2005, 115(1):257-265.

[12] 雷洁,张锦文,李生慧.青少年睡眠习惯与心理健康的相关性研究[J].中国儿童保健杂志,2018,26(4):376-380.

[13] MARCO S, LAURA M, VLADIMIR C, et al. Hours of sleep in adolescents and its association with anxiety, emotional concerns, and suicidal ideation[J]. Sleep Medicine, 2014, 15(2):248-254.

[14] RANDLER C, GOMÀ-I-FREIXANET M, MURO A, et al. Do different circadian typology measures modulate their relationship with personality? A test using the Alternative Five Factor Model[J]. Chronobiology International, 2014, 32(2):281-288.

[15] SOEHNER A M, KAPLAN K A, HARVEY A G. Prevalence and clinical correlates of co-occurring insomnia and hypersomnia symptoms in depression[J]. Journal of Affective

Disorders,2014,167C:93-97.

[16] 雷洁,武丽红,苏春娟,等.高职院校医学生睡眠卫生习惯与睡眠质量的相关性[J].中国健康心理学杂志,2020,28(1):124-129.

[17] KELLY Y,KELLY J,SACKER A. Changes in bedtime schedules and behavioral difficulties in 7 year old children[J]. Pediatrics,2013,132(5):1184-1193.

[18] 侯丹丹,王桂茹,倪圆圆,等.长春市小学生手卫生及口腔卫生现状调查[J].中国妇幼保健,2017,32(2):350-354.

[19] 潘慧敏,陈丽君.替牙期儿童龋齿与饮食及口腔卫生习惯的关系探讨[J].全科护理,2019,17(4):470-471.

[20] 曹蕾赪.小学生学习习惯的调查研究[D].上海:上海师范大学,2017.

[21] 王靖茹.家庭教育对大学生人生观的影响研究[D].北京:中央民族大学,2012.

[22] 赵珣.儿童世界观形成过程中艺术设计的引导作用[D].武汉:湖北工业大学,2014.

[23] 潘秋英.小学生道德行为习惯调查分析[D].曲阜:曲阜师范大学,2016.

[24] 尤君志.初中生行为习惯养成教育研究[D].长春:东北师范大学,2012.

[25] 姜丽丽.小学入学新生生活习惯养成教育策略研究[D].长春:东北师范大学,2012.

[26] 迟明军.初中生不良行为习惯的成因及改善策略[D].长春:东北师范大学,2011.

[27] 黄建始.什么是健康管理?[J].中国健康教育,2007(4):298-300.

[28] 陈锦霞,张湘谊.东莞市沙田镇虎门港托幼儿童龋齿现状及其影响因素分析[J].护理实践与研究,2017,14(20):114-116.

[29] 甘国芹.护理干预对预防儿童乳牙龋齿的效果研究[J].当代护士,2017(2):92-94.

[30] 李国艳,冯莹,任泉钟,等.济南市2012—2013年手足口病重症患者流行病学及影响因素分析[J].中国公共卫生,2015,31(9):1199-1201.

[31] 俞慧芳,陈中文,罗建勇,等.嘉兴市城乡中小学生手卫生现状分析[J].中国学校卫生,2012(12):1429-1431.

[32] 张凯,李春玉,申香丹,等.中学学生手卫生现况分析[J].中国儿童保健杂志,2015,23(2):200-202.

[33] 黄灿华.对高中普通校学生不良行为习惯实施干预的研究[D].北京:首都师范大学,2012.

[34] 肖琳.中国青少年烟草使用现状研究[J].中国青年研究,2016(9):85-89.

[35] 黄建萍,谭维维,安娜,等.南通市青少年健康危险行为现状研究[J].中国卫生统计,2018,35(6):910-912.

[36] 世界卫生组织.预防伤害与暴力——卫生部使用指南[Z].2007.

[37] 世界卫生组织.世界预防儿童伤害报告(中文版)[Z].2020.

[38] 纪翠蓉,段蕾蕾,陆治名,等.中国2015—2018年6~17岁儿童伤害病例流行病学特征分析[J].中国学校卫生,2020,(7):979-982.

[39] 缪绿青,施利承,戴家隽,等.不同年龄段儿童交通安全意识心理发展特点研究[J].交通医学,2012,26(5):429-432+438.
[40] 焦健.促进儿童步行与骑车通学:欧美安全上学路计划的成功经验与启示[J].上海城市规划,2019(3):90-95.
[41] 陶芳标.儿童青少年伤害预防的可控性和优先领域[J].中国学校卫生,2018,39(2):163-166.
[42] ROTHMAN L,BULIUNG R,MACARTHUR C,et al. Walking and child pedestrian injury:a systematic review of built environment correlates of safe walking[J]. Inj Prev,2014,20(1):41-49.
[43] WANG Z,CHEN H,YU T,et al. Status of injuries as a public health burden among children and adolescents in China:a systematic review and meta-analysis[J]. Medicine(Baltimore),2019,98(45):e17671.
[44] 赵刚,刘庆敏,赵江磊,等.杭州中学生步行上下学过马路交通行为状况调查[J].中国公共卫生,2018,34(3):408-411.
[45] 周义夕,高刘伟,费高强,等.我国儿童非故意伤害现状研究进展[J].伤害医学(电子版).2019,8(1):47-52.
[46] 吴珊珊,肖东琼,李熙鸿.2019年美国野外医学会临床实践指南——溺水的预防与治疗指南更新解读[J].华西医学,2020,37(8):1-6.
[47] 辛永林.国内校园暴力研究的最新进展和问题思考[J].现代教育科学,2012(12):113-115+140.
[48] 马雯菁.对未成年子女的家庭暴力研究[D].大连:大连海事大学,2008.
[49] 中国少年儿童文化艺术基金会女童保护基金会,北京众一公益基金会."女童保护"2019年性侵儿童案例统计及儿童防性侵教育调查报告[Z].2020.
[50] 何玲.儿童性侵害与解决对策研究——基于2013—2018年的相关数据[J].中国青年社会科学,2019,38(2):133-140.
[51] 郭开元.青少年吸毒的现状、影响因素和预防对策研究报告[J].预防青少年犯罪研究,2020(1):4-9.
[52] 赵可,白岚.青少年越轨行为概论[M].重庆:重庆出版社,1996.
[53] 文森特·J·丹德烈亚,彼得·萨洛维.朋辈心理咨询——技术伦理与视角[M].2版.北京:中国人民大学出版社,2013.
[54] 刘超,曹雪峰.朋辈关系对大学生成长的影响作用[J].大庆社会科学,2015(6):122-124.
[55] 巴坎.犯罪学:社会学的理解[M].秦晨,译.北京:人民出版社,2011.
[56] 庹继光,叶靖.青少年上网安全与媒体责任[J].中国德育,2017(12):26-29.
[57] 朱袁琪,唐明亮.论新闻媒体在未成年人保护机制中的作用与责任[J].传播力研究,

2018,2(10):25-26+30.

[58] 徐艳宏. 公共安全环境中青少年的安全保障与防范[J]. 中国青年政治学院学报,2014,33(6):12-16.

[59] 万田宇. 中国非营利组织参与儿童社会保护研究[D]. 北京:华北电力大学,2019.

[60] 李宏斌,王强,梁琦. 关于青少年生命安全教育现状的调查报告——以河南省十八个地市 152 所学校为例[J]. 少林与太极(中州体育),2016(1):29-34.

[61] 卜全民,徐月红."立德树人"视角下中学校园暴力的防控研究[J]. 公安学刊(浙江警察学院学报),2019(6):79-84.